廖远芳，工艺美术师，硕士研究生，毕业于广西艺术学院。南宁职业技术学院艺术工程学院室内设计专业教师。主要从事室内设计专业教学，主授三大构成、图案设计、装饰艺术设计等课程，已出版《形态构成》《三大构成》《平面构成》等多本教材，发表《浅析形态构成在室内设计中的应用》等相关教学论文3篇，参与广西壮族自治区"融具有核心竞争力的企业加责任班人才培养模式研究与实践"等多项重点教育改革课题。教改课程"装饰图案设计应用"获全国高职高专艺术类教学指导委员会第二届青年教师说课大赛银奖。

郑义海，硕士研究生，毕业于广西大学。南宁职业技术学院艺术工程学院室内设计专业教师，主授三大构成、图案设计、室内设计原理等课程。参与编写"十二五"规划教材《居住空间设计》，将基础课程与专业发展方向创新结合，教学改革论文《室内设计专业平面构成的教学反思》在广西职业教育教学优秀教改论文评比中获奖。参与广西壮族自治区"民族建筑装饰研究"和"人才培养模式创新"等多项重点教育改革课题。

黄春波，二级教授、国家教学名师、硕士生导师、南宁职业技术学院艺术工程学院院长、国家行业职业教育住房和城乡建设职业教育教学指导委员会委员、教育部职业院校艺术设计类专业教学指导委员会委员。2001年，所带领的室内设计专业入选国家首批精品专业；2004年"居室空间设计"课程被评为国家精品课程；2006年，室内设计技术专业被列入国家首批示范性重点建设专业；2008年，任室内设计专业国家教学团队负责人；2009年，获国家教学成果二等奖。

高职高专室内设计专业"十二五"规划教材

编委会

总主编：黄春波

编　委（按姓氏笔画排列）：

王东德	韦卫红	韦映波	韦剑华	韦锦业	文建平
兰育平	权生安	刘　军	刘　芳	刘永福	刘洪波
孙瑜琦	杨大奇	杨佳佳	吴　昆	佘　莉	陈　良
陈庆珠	罗周斌	郑义海	孟远洪	徐　飞	高云河
黄志华	黄卓仕	黄春峰	黄祖金	梁　政	彭　颖
覃勇鸿	曾令秋	雷树清	廖远芳	蔡春艳	

高职高专室内设计专业"十二五"规划教材

室内装饰图案

INTERIOR
DECORATIVE
PATTERN

廖远芳　郑义海　黄春波　编著

湖南大学出版社
HUNAN UNIVERSITY
PRESS

内 容 简 介

教材主要诠释了装饰图案的发展历史及基础理论、设计法则、图案的构成形式与表现方法、室内设计装饰图案的欣赏与分析等内容，让读者能够掌握装饰图案的设计风格及其在室内设计中的应用。

高职高专室内设计专业"十二五"规划教材，亦可作为室内设计人员的参考图书和培训用书。

图书在版编目（CIP）数据

室内装饰图案/ 廖远芳，郑义海，黄春波编著.——长沙：湖南大学出版社，2013.11
（高职高专室内设计专业"十二五"规划教材）
ISBN 978-7-5667-0483-2

Ⅰ.① 室… Ⅱ.① 廖… ② 郑… ③ 黄… Ⅲ.① 室内装饰设计 — 高等职业教育 — 教材
Ⅳ.① TU238

中国版本图书馆CIP数据核字（2013）第231907号

室内装饰图案
Shinei Zhuangshi Tu'an

作　　者：	廖远芳　郑义海　黄春波　编著
责任编辑：	胡建华　　　　　　责任校对：全　健
责任印制：	陈　燕
出版发行：	湖南大学出版社
社　　址：	湖南·长沙·岳麓山　　邮　　编：410082
电　　话：	0731-88822559(发行部)，88821251(编辑部)，88821006(出版部)
传　　真：	0731-88649312(发行部)，88822264(总编室)
电子邮箱：	hjhhncs@126.com
网　　址：	http://www.hnupress.com
印　　装：	湖南画中画印刷有限公司
开　　本：	787×1092　16K　　印张：10.5　　字数：240千
版　　次：	2013年11月第1版　　印次：2013年11月第1次印刷
书　　号：	ISBN 978-7-5667-0483-2/J·274
定　　价：	52.00元

版权所有，盗版必究
湖南大学版图书凡有印装差错，请与发行部联系

总 序

随着生活水平的逐步提高，人们对居住环境的质量和形式要求也越来越多元化，如何培养适应多元化要求的室内设计专业人才，成为高等职业院校室内设计专业发展的首要目标。本系列教材是以首批国家示范性高等职业院校——南宁职业技术学院重点建设的室内设计技术专业建设成果为基础的，联合广西等地实力雄厚的国家示范性高职院校、国家骨干高职院校，组织室内设计专业带头人、骨干教师、企业资深设计师共同编写，为具有校企合作、工学结合等高职特色的室内设计专业课程系列教材。

本系列教材编写根据国内外室内设计专业教育的发展趋势，在教育理念、培养目标、培养模式、课程体系、教学方法、教学手段等方面进行了改革和创新。专业顶层设计的基础是课程改革和创新，课程是培养优秀专业人才的主要载体，而配套的课程教材则是课程教学的核心，是实现"教与学"以及学生自主学习的重要工具。

本系列教材具有以下两个特点：

一、体现"三新"理念

理念新：教材编写上体现了工学结合、校企合作特色，在教学内容中融入国家标准和职业规范，兼顾基础知识及实践技能的运用。

体例新：教材编写以岗位能力实训为本位，以项目实践为主线，注重培养学生的设计思维与创新理念。在总结国家示范性、国家骨干高职院校专业建设、课程改革的基础上，确定编写体例、内容定位并遴选作者。教材注重解决两类使用者的需求——教师"怎样教"和学生"如何学"的问题。

内容新：教材注重知识点与工程项目案例实践过程相结合，既有高职教育的理论深度，又有相关职业的特点。教材在案例导学上遵循学生认知规律，实践项目从小到大、从简到繁，做到国内与国外、现代与传统、大师作品与学生作业、企业典型工程项目案例与个人优秀作品比较与相互借鉴。

二、注重"四结合"

教材内容与岗位特性相结合。各课程教材的知识点以职业岗位特性为基础，将岗位职业能力需求融入各知识点中，通过项目案例、作业实训等多种途径来锤炼学生的职业岗位能力。

教材内容与工程项目相结合。本系列教材以企业实际工程项目为案例，深入浅出地将知识点分解、提炼和输出，便于学生理解和吸收。

教材内容与民族地域相结合。本系列教材将民族地域特色和设计元素相融合为知识点，充分体现了民族与现代元素的完美结合。

教材内容与大师作品相结合。本系列教材引入国内外设计大师作品，分析其独特之处，并对应不同的知识点，强化学生的设计能力和创新能力。

总之，本系列教材既具有理论深度，又具有较强的实践性，能够使学生在实际操作中举一反三、触类旁通，增强学生学习的积极性和主动性，为其就业和职业生涯发展奠定专业基础。

经过几年的艰苦努力，室内设计专业系列教材终于与广大读者见面了。在此，要特别感谢湖南大学出版社为本系列教材的出版所作的贡献。由于编者水平有限，书中难免有疏漏之处，希望老师、同学、设计师和企业界读者指正。

国家级教学名师 二级教授
2013年6月于南宁职业技术学院

目录

1 装饰图案与室内设计风格

1.1　装饰图案理论基础 …… 003
1.2　室内设计风格与装饰图案 …… 024

2 装饰图案的设计法则

2.1　图案的形式美法则 …… 033
2.2　图案的造型设计原则 …… 051
2.3　图案的创新设计法则 …… 060

3 装饰图案设计的构成形式与表现方法

3.1　装饰图案设计的构成形式 …… 071
3.2　装饰图案的表现方法 …… 103

4 室内装饰图案应用与赏析

4.1　装饰图案设计的风格定位 …… 133
4.2　室内设计装饰图案赏析 …… 148

参考文献 …… 157
后记 …… 158

室内设计装饰图案课时安排
建议课时90课时

章节	课程内容		课时
第一章 装饰图案与室内设计风格	设计风格	第一节 装饰图案理论基础	10
		第二节 室内设计风格与装饰图案	
第二章 装饰图案的设计法则	设计法则	第一节 图案的形式美法则	20
		第二节 图案的造型设计原则	
		第三节 图案的创新设计法则	
第三章 装饰图案设计的构成形式与表现方法	形式与定位	第一节 装饰图案设计的构成形式	40
		第二节 装饰图案的表现方法	
第四章 室内装饰图案应用与赏析	欣赏与分析	第一节 装饰图案设计的风格定位	20
		第二节 室内设计装饰图案赏析	

注：理论与实训课时1∶1。

chapter 1

装饰图案与室内设计风格

1.1　装饰图案理论基础
1.2　室内设计风格与装饰图案

本章内容：

装饰图案的基础知识概述与室内设计风格分析。

相关知识：

①装饰图案基础理论。

②室内设计风格与装饰图案。

训练目的：

通过本章节的学习，了解装饰图案的含义、起源、艺术特征以及发展概况，引导学生结合不同的室内设计风格分析了解室内设计装饰图案。

训练要求：

①明确装饰图案的概念与内容，了解装饰图案的发展概况及内涵。

②了解和掌握室内设计风格所涉及的装饰图案及其风格特点。

训练时间：

5课时+课余时间。

相关作业：

了解装饰图案发展过程，分析两种不同的典型设计风格及在室内环境所应用的图案实例，收集相关图片，制作PPT图文分析，并进行成果展示。

1.1 装饰图案理论基础

1.1.1 装饰图案的含义

"装饰图案"一词泛指艺术修饰类图案，是一种美化艺术。根据英国百科全书介绍，第一次使用"装饰"是在1791年，指各种能够使人感到赏心悦目的视觉效应。我国最早出现"装饰"一词是在《后汉·梁鸿传》中："女（孟光）求作布衣麻屦，织作筐缉绩之具。及嫁，始以装饰入门。"这里提及的装饰是装扮、打扮的意思。《中国工艺美术大辞典》则用科学释义来解释装饰一词："装饰已被当做一种艺术样式，成为艺术的一个门类。"

装饰图案是装饰的基础，也称装饰性纹样，是一种装饰性与实用性相结合的艺术表现形式。

从广义的角度来说：图案是从美学的角度对物质产品的造型、结构、色彩、肌理及装饰纹样所进行的方案设计。

从狭义的角度来说：图案是有装饰性的纹饰，即按照一定图案结构、形式美法则经过抽象、变化等方法而构成的某种或对称或均衡，或单独或适合，或连续或综合的，具有一定秩序感的图形纹样或表面装饰（图1-1、图1-2）。

图1-1 身着团花图案胡服的妇女
《唐书》五行志："天宝初，贵族及士民好为胡服装饰，妇人则簪步摇钗，衿袖窄小。"

图1-2 云冈石窟佛龛
《魏书·释老志》中介绍，中国古代佛教图案等级森严，佛龛图案也随着供奉佛像不同而有所变化。

1.1.2 装饰图案的起源与发展

关于室内装饰图案艺术,现代设计大师勒·柯布西耶【法】如是说:"装饰艺术是要吸引人们的视线与精神,并反抗那些过分的艺术绘制色彩与装扮上的夸耀,这些都是令人分心的嘈杂。"(《今日的装饰艺术》)可以看出,装饰图案是一种区别于纯粹艺术绘画创作的独特艺术形态,其起源与发展也有着独特的脉络。梳理装饰图案的发展历史,可将其生长图腾规制为国内与国外两大区域,这两大区域随着历史发展的延续可分为原始社会壁画艺术,及按照各国自身历史发展线路铺展开来的装饰艺术。其中我国的室内装饰图案历史悠久,经过各个时期不断的传承创新,流传下来了众多展现其时代特征与文化渊源的图案遗产,形成了自身特有的图案语言,是华夏民族也是世界装饰图案艺术的瑰宝。

梳理我国历代图案发展历史,具有典型艺术风格与创作造诣的主要集中在几个特定的历史时期,这些时期的图案创作都极具时代与传承价值,反映了当时设计的审美与价值取向(如图1-3所示)。

(1)纯真的刻画——原始图案艺术

据史料记载,早在公元前2万年,装饰图案已经以壁画的形式出现在原始社会。国内外先后发掘出了大量极具价值的壁画遗址:西班牙的阿尔泰米拉洞穴(图1-4),法国的拉斯科洞穴(图1-5),中国境内内蒙古的阴山(图1-6)、广西的花山等都发现了颇具规模的壁画遗址。原始人类在洞壁上雕刻绘画各种纹样图形,所记录的内容以叙事为主,记录日常生活中的狩猎、征战等重大事件。至今埃及、印度、中国、巴比伦等文明古国所保存的壁画遗迹仍然具有十分重要的历史与现实价值。例如我国历代宫室乃至墓室都以壁画为饰物,又由于宗教文化的兴起,壁画被广泛应用于寺庙、石窟(永乐宫、敦煌莫高窟等)。我国至今仍然保存有众多被列入世界文化遗产的宗教壁画,这些都表明了原始壁画的源远流长。

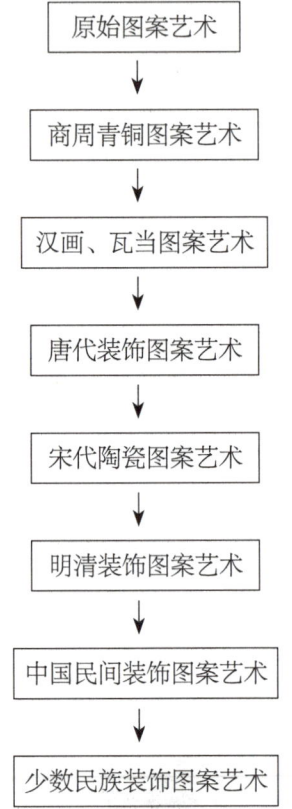

图1-3 装饰图案发展历程图

图1-4 西班牙的阿尔泰米拉洞穴壁画

图1-5 法国的拉斯科洞穴壁画

图1-6 内蒙古阴山壁画

与此同时，原始图案艺术中，彩陶艺术也是浓重的一笔。一件件彩陶艺术品如同一部部史书，记载了原始社会居民丰富的物质文化与精神文化，是原始时代的文化标志。

常见的原始彩陶多为绘制有红色或黑色线条的棕黄色和棕红色陶制品。其主要分布在诸如黄河流域一带的大河流域，最具规模的是马家窑彩陶和仰韶彩陶。彩陶艺术利用点、钩、三角、曲线和弧线等构成雅致规整的图案；也有绘制诸如鱼类、鸟类等动物图样的；再者运用弯曲、平行、交叉、同心圆、漩涡等图形来综合表现，形制或优美流畅或绚丽对称，变化多样。众多的彩陶艺术中，以半坡型、马家窑型彩陶纹样最具特色（图1-7～图1-9）。

图1-8（a） 彩陶鱼纹盆（半坡型）

以黑彩在器皿表面和腹部绘出三尾侧面单体鱼，横向成连续带状图案装饰。鱼纹图案炯炯有神的圆目、张口露齿，加上伸展的鱼鳍，生动而有活力。

图1-7 彩陶船形壶（半坡型）

设计以船为形，腹两面以褐黑色彩绘出网纹，似反映当时人们驾船撒网捕鱼的生活，是半坡类型彩陶中的艺术珍品。

图1-8（b） 彩陶鱼纹盆表面图案（半坡型）

图1-9 网格纹双耳罐（马家窑型）
其造型巨大匀称，纹饰以弧形并列条纹为主，线条均匀细密，宽厚雅致又不失动感。

半坡彩陶的几何形花纹是由鱼纹变化而来的，庙底沟彩陶的几何形花纹是由鸟纹演变而来的，所以前者是单纯的直线，后者是起伏的曲线，形成了其特有的艺术特色。

马家窑型彩陶多使用浓亮如漆的黑彩色在陶底上绘制纹样，也有只用黑白两色绘制的。所绘制的纹样弯曲交叉，弧线丰富多变。

（2）熔铸的厚重——商周青铜图案艺术

我国商、周时代的青铜器具，不单是盛物用的容器，同时也是宗庙中的礼器。青铜器的数量可以反映出身份地位的高低，青铜器形制的大小也可以显示出权力的等级。青铜器中，最重要的器类就是鼎。远古的青铜器可以分为食器、酒器、水器、乐器四大类。食器中包括鼎、鬲，等等。其中鼎是最重要的礼器。

青铜是铜和锡、铅的合金。在中国古代早期的工艺美术中，青铜工艺成为奴隶社会工艺美术的典型代表。商周时期是中国历史上的青铜时代，以品类丰富、造型优美、纹饰华丽、制作精巧、风格独特而著称。此时的冶炼铸造技术有了突飞猛进的发展，在应用上具有广泛的适用性。商周青铜器艺术装饰传承了新石器时代艺术中若干精髓，经过长期绵延不断变化，形成独特的体系，成为中国艺术史的一个组成部分。

从造型艺术的观点看，许多青铜器又是精美的工艺美术品（图1-10～图1-12）。古代青

图1-10 商代豕形铜尊
尊为酒器，猪背上开椭圆形口，设盖，腹内盛酒。猪身上装饰有鳞甲、龙纹和兽面纹。以野猪作为器物形制，在现有的商代青铜器中仅此一例。

图1-11 商周人面纹铜鼎
此鼎特别引人注意的是腹部浮雕的四个人面，浓眉大眼，高鼻梁，凸颧骨，宽嘴紧闭，表情庄重。

图1-12 商周立象兽面纹铜铙
铙为乐器，经过实测，敲击正鼓和侧鼓，可以发出不同的乐声。此铙的侧鼓有立象，钲部为粗线条的兽面纹，钲周边有虎、鱼和乳钉相间排列的纹饰。

图1-13 青铜饕餮纹
饕餮纹凶猛庄严，结构严谨，制作精巧，境界神秘，是青铜器装饰图案中最优秀的作品之一，代表了青铜器装饰图案的最高水平。

图1-14 夔龙纹
夔龙纹流行于商、西周青铜器及玉器上，是古钟鼎彝器等物上所雕刻的纹饰，也称夔纹。

铜器的铸造方法与造型及装饰方法的密切联系，说明中国工艺美术中艺术与技术相结合的传统，形成了独特的体系。从青铜器的纹饰上看，有饕餮纹、雷纹、弦纹、鱼纹、鸟纹、龟纹等（图1-13～图1-14）。

（3）平面的雕刻——汉画、瓦当图案艺术

中国汉代画像石，是两汉时期装饰于墓室、墓祠、墓阙、石棺、摩崖等建筑物上，以石为地、以刀代笔，或勾以墨线，或涂以彩色的特殊艺术作品，是汉代社会最为盛行的一种文化仪式，也是当时社会最为精华的一种物质和精神产品，更是我国艺术宝库中的珍贵遗产。作为汉代社会的典型性文物遗存，汉画像石(砖)对于研究汉代文化及中华远古文明具有极高价值。

国内现存的汉画以河南省南阳市最具规模，河南古时即为华夏之中原腹地，汉文化深入人心（图1-15～图1-17）。南阳汉画像石是研究汉代社会史、美术史的重要材料，它数量多，内容丰富，属于墓门及楣楹的居多。汉代工匠在石刻中充分运用现实主义与浪漫主义手法，成功地刻画

图1-15 汉画投壶及其拓片
投壶是汉代流行的一种饮酒游戏，画像反映了那个时代的饮酒之风和酒文化的盛行。2009年，此石先后赴北京、意大利参加"秦汉—罗马文明展"。

图1-16 汉画应龙及其拓片
出土地点：南阳市东关。画像为一种龙形纹样，纵身奋翼，飞翔于祥云环绕、神山起伏的仙境之中。

图1-17 汉代画像砖（四骑图）

汉代画像砖多为较浅浮雕形制，作者将马与人的动作和形态都刻画得十分生动，结合一定的布局安排，立体感强烈。每组人物与马都各具形态，尤其是左下角的马匹，蓄势待发之态，极具张力。

图1-18 四神兽瓦当（图形瓦当）

由各饰青龙、白虎、朱雀、玄武纹的四种瓦当组成，分饰于东、西、南、北不同方位的殿阁之上，汉长安城遗址多有出土。

出众多的艺术形象。无论是车马的奔驰、宴饮的喧哗还是授经时的肃穆，歌舞时的欢乐，都安排得疏密有致，特别是表现人物、动物的力度与速度获得极大的成功。

汉代图案艺术集中爆发的另一个方面就是瓦当这一极具特色的建筑构建的出现。瓦当俗称瓦头，是中国古代建筑用的一种陶制品，处于房檐部位最下一个筒瓦的端头，上面常有装饰性的图案和文字。它既便于屋顶泄水，又起着保护檐头的作用，同时还能增加建筑物的美观。根据瓦当所刻画的图案，可分为图像瓦当、图案瓦当、文字瓦当三种（图1-18~图1-20）。

图1-19 云纹瓦当（图案瓦当）

云纹瓦当是西汉瓦当中数量最多的一类。其花纹特征是：当面中心多为圆钮，或饰以三角、菱形、分格形网纹，乳钉纹，叶纹，花瓣纹等。云纹占据当面中央大面积的主要部位，花纹变化十分复杂多样。

图1-20 "长乐未央"（汉字瓦当）

文字瓦当在汉代最具时代特色，占有突出的地位，内容丰富，词藻极为华丽，内容有吉祥颂祷之词。

（4）鼎盛的绚丽——唐代装饰图案艺术

每个历史时期的图案艺术都是散发其独特时代光芒的，在人类社会发展的各个时期，我们虽然不能说某个特定时期的艺术成就与水平高于另一个时期，但是唐代的壁画艺术，经历过之后的历史检验并流传至今的，确实达到了相当高的水平。第一，画面丰富性与复杂程度空前提高，在一些表现宗教西方净土的壁画作品中，庙宇纵横，亭台林立，人物众多，器物丰盈，宏大的场面震撼人心，同时画面各个部分排布井然有序，层次丰富和谐。第二，线条的使用更加成熟，并趋近完美，在保持画面构图完整性的同时还兼顾了人物细节刻画上的精益求精，各种状态下的形态动作、神韵与姿势都千差万别。第三，人物角色表情更加精致，无论在角度选取或神情表达上都十分丰富（图1-21～图1-24）。

图1-21　唐代敦煌壁画（西方圣境）

唐代壁画在刻画宗教相关主题时，在细节上下足了功夫，画面组织关系也丰富且合理，主次分明，将建筑作为背景衬托，与人物和谐统一，画面恢宏壮阔。

图1-22　敦煌飞天壁画

《飞天》无疑是敦煌壁画的标志之一，其飘逸灵动的线条运用为敦煌壁画增添了更多柔美的意境，成为唐代壁画艺术在线条表现上的一朵奇葩。

图1-23　唐三彩花瓶

唐三彩是一种盛行于唐代的陶器，以黄、褐、绿为基本釉色，后来人们习惯地把这类陶器称为"唐三彩"。其图案以造型生动逼真、色泽艳丽和富有生活气息而著称。

图1-24　对鹿团花绸摹纹

唐代的图案绘制水平已经达到了很高的水平，层次清楚而又丰富，动植物元素和谐共存于画面。该幅图即为典型的唐代纹样，丰盛、饱满、精细又特别充实。

（5）瓷器的灵动——宋代陶瓷图案艺术

宋代陶瓷是我国陶瓷历史中的一座高峰，究其原因有两点：一是烧制工艺的空前发展，使得宋瓷的品质较之前有了极大的提升；再者就是瓷器表面的装饰图案水平极具特色，为宋瓷的繁荣奠定了坚实的基础。现时已发现的古代陶瓷遗址分布于全国170个县，其中有宋代窑址的就有130个县，占总数的75%。陶瓷史学家通常将宋代陶瓷窑大致概括为6个瓷窑系，它们分别是：北方地区的定窑系、耀州窑系、钧窑系和磁州窑系；南方地区的龙泉青瓷系和景德镇的青白瓷系。这些窑系一方面具有因受其所在地区使用原材料的影响而形成的特殊性，另一方面又有受帝国时代的政治理念、文化习俗、工艺水平制约而形成的共同性，但是这些都不影响装饰图案在宋瓷上大放异彩。

宋瓷装饰手法多样，装饰图案题材丰富，百姓生活中喜闻乐见的题材，反映对未来生活美好愿景的内容都可以成为瓷器上的装饰画。例如宋瓷中的"莲花纹"图案，以修长、俊秀、简练的花瓣营造出浓郁的典雅韵味（图1-25～图1-27）。同时一改以往莲花一节一花、一节一叶

图1-25　莲花纹瓷瓶

自佛教传入我国，便以莲花作为佛教标志，莲花代表"净土"，象征"纯洁"，寓意"吉祥"。

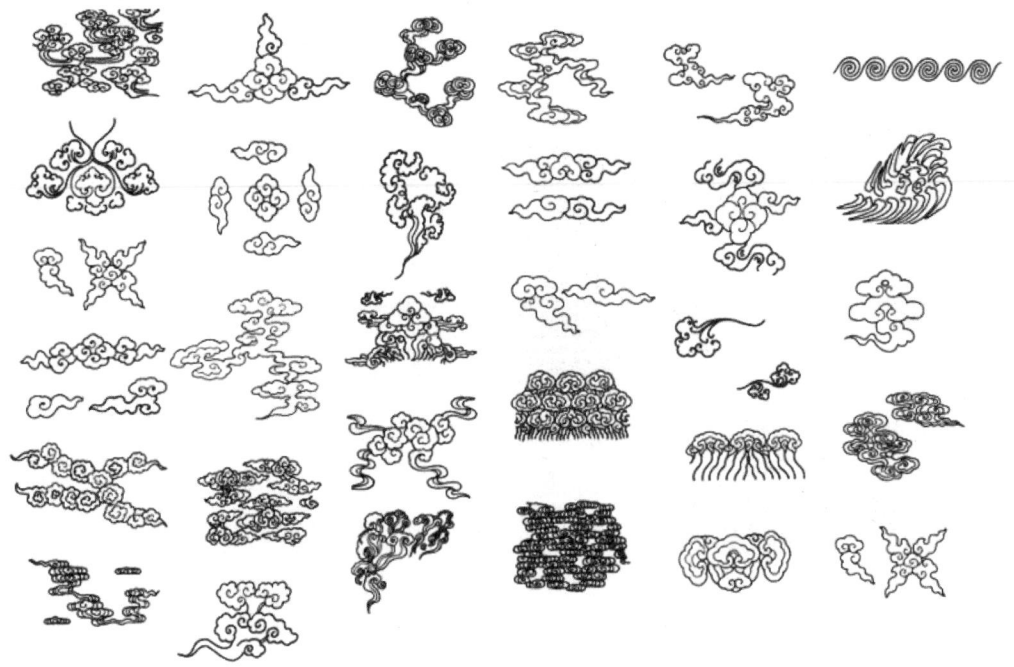

图1-26　常见云纹样式

图1-27 莲花纹瓷盘
瓷盘提供了一个很好的圆形作为纹样和连续纹样的装饰区域，莲花纹自身的延展性得以施展，中心的单独纹样起到了视觉中心的作用。

图1-28 婴戏纹瓷瓶
瓷瓶以婴儿为画面主角，内容有钓鱼、玩鸟、踢球、赶鸭、抽陀螺、攀树折花等，生动活泼，情趣盎然。

的布局限制，产生了缠枝状的花枝，与其他植物纹样配合，结构细致而不失整体。

再者，从纹饰上讲，宋瓷的纹饰题材、表现手法都极为丰富独特。一般情况下，龙、凤、鹿、鹤、游鱼、花鸟、婴戏、山水景色等常作为主体纹饰出现在各类器形的显著部位，而回纹、卷枝卷叶纹、云头纹、钱纹、莲瓣纹等多用作边饰间饰，用以辅助主题纹饰。工匠们用刻、划、剔、画和雕塑等不同技法，在器物上把纹样的神情意态与胎体的方圆长短巧妙结合起来，形成审美与实用的统一整体，令人爱不释手。如婴戏纹，或于碗心，或于瓶腹，将肌肤稚嫩、情态活泼的童子置于花丛之中，或一或二，或三五成群，攀树折花，追逐嬉戏，真切动人，生活气息甚为浓厚（图1-28）。

（6）简约到繁缛的变化——明清装饰图案艺术

明清两代有着千丝万缕的联系，在装饰图案发展与延续上，明清两代各具特色却又能在变化中看到另一半的影子。

受明代绘画艺术的影响，明代装饰图案在传统图案的基础上，凝练升华，达到了高度样式化，体现了浓郁的装饰美。其中一些诸如云纹、龙纹、植物纹样以及博古纹等的经典纹样流传至今（图1-29）。

图1-29 明代和田玉云纹样

图1-30　黄地珐琅彩开光婴戏纹瓶（乾隆年间）此瓶造型精巧，纹饰层次清晰，画工精细，色彩搭配自然和谐，画面阴阳向背的效果突出，有立体感。

图1-31　粉彩镂空蟠螭纹象耳转心瓶（乾隆年间）瓶外颈部饰黄地轧道粉彩折枝莲纹，腹部饰霁蓝描金蝴蝶勾莲纹，四面圆形开光内镂雕绿色蟠螭纹，足部饰黄地轧道粉彩云头纹。

图1-32　品月色缎绣百蝶团寿字纹夹大坎肩（"大羽华裳——明清服饰特展"）

清代的装饰图案在明代简约干练的特点上加入了更多的变化，依然是依托于特定的物件，如瓷器、服饰织物等工艺品上，加之清代是我国制瓷史上的黄金时期，特别是康、雍、乾三朝盛世，在器型、釉彩的工艺制作方面，均达到了历史最高水平，创烧出大量新器型。在釉色方面，创烧出了粉彩、珐琅彩、古铜彩和多品种的单色釉。还产生出大量制作精美的民窑堂铭款器（图1-30～图1-32）。

（7）质朴的回归——中国民间装饰图案艺术

中国民间装饰图案直接来源于百姓生活，是各个时期民间艺术利用图案表现出的鲜活艺术形式，被称为民俗社会生活的图案化再现，是民间社会生活的载体形式之一。由于其贴近生活，主要种类有剪纸、刺绣、年画、雕塑和民俗玩具等，所表现的诸如节日风俗、衣食住行、礼仪法规等，都是扎根于民间的意识形态，因而民间图案艺术有着强大的群众基础，是装饰图案艺术中最具生活气息的艺术分枝。

中国的民间装饰图案最具特色的地方主要体现在两方面：第一，图案的文化寓意丰富。民间图案的创作意图多以表达人民群众对生活的美好期许与愿景，如常见有民间图案的"百年好合"，"喜上梅梢"中"梅"字与"眉"字同音，"福（蝠）禄（鹿）双全"，"马上封侯（猴）"等等。第二，民间图案创作表现形式多样。表现形式常见的有剪影、互渗、透明、扭曲、公用等（图1-33～图1-37）。

（8）原生态的绚丽——少数民族图案艺术

我国多民族共存的现实使得少数民族装饰图案艺术的发展一直不乏原动力，55个少数民族的各类装饰图案构建了我们对于少数民族特殊的认知桥梁,特有的各民族图腾图案、服饰图案、建筑装饰图案都蕴含了各民族自身的文化认同和历史渊源(图1-38~图1-42)。

图1-33 徽州胡氏宗祠荷蟹浮雕图案寓意
荷蟹谐音"和谐",是古时中庸治世的儒家思想。

图1-34 喜上"眉"(梅)梢民间剪纸/剪影

图1-35 陕西布老虎/互渗
互渗是一种将多种事物元素拼接在一起的综合创作形式。

图1-36 福猪纳祥/透明
透明是指所描绘的对象内外重叠或前后重叠,互不遮挡,如上图在猪的轮廓里可见其他图案。

图1-37 三鱼争头/共用
共用通过形与形之间的相互组合、相互适应来构成一种新的形象。

图1-38 花帽/维吾尔族
花帽的图案与纹样千变万化,各不相同的花帽样式、花纹与图案也与各地域环境有关。各地的花帽,都具有明显的地方特色。

图1-39 唐卡/藏传佛教
唐卡是藏族文化中一种独具特色的绘画艺术形式，题材内容涉及藏族的历史、政治、文化和社会生活等诸多领域，堪称藏族的百科全书。传世唐卡大都是藏传佛教作品。

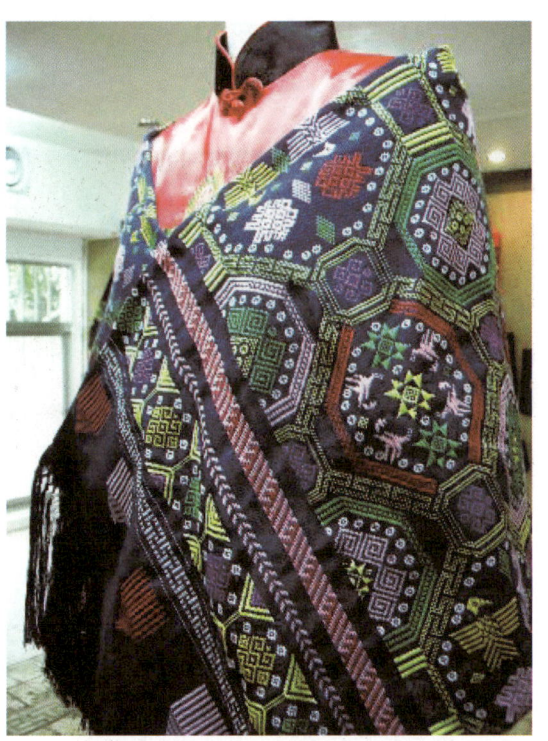

图1-41 壮锦成衣/壮族
民族壮锦与现代服装设计的融合。

图1-40 壮锦/壮族
壮锦，与云锦、蜀锦、宋锦并称中国四大名锦，传起源于宋代，是广西民族文化瑰宝。这种利用棉线或丝线编织而成的精美工艺品，图案生动，结构严谨，色彩斑斓，充满热烈、开朗的民族格调，体现了壮族人民对美好生活的追求与向往。

图1-42 白族扎染/白族
原生态植物颜料染制，图案朴素富有质感。

（9）外国装饰图案
①埃及图案

埃及位于非洲东北部的尼罗河流域，是有着悠久历史的文明古国，它与古巴比伦、古印度和中国并称为世界上四大文明古国，可见埃及的文化和艺术对世界的影响和贡献是巨大的。在图案艺术方面也不例外，呈现着独具特色的埃及风格。

古代埃及的装饰图案，大部分是人物图案，这些人物形象往往以剪影式的侧面形来表现。其题材内容多半是故事性的，即有故事情节。如埃及古代壁画"汲水图"，这是第十八王朝时期的作品。它是一幅大壁画中的一个局部，全画表现了奴隶们汲水、捣泥、做砖和建筑神殿的情景。而这幅画上是两个奴隶正在用陶罐汲水，其中一个已经盛满了水，把陶罐放在肩上浮出水塘；一个弓身在塘边，手持陶罐在灌水。方形的池塘四周长着草木，塘中水波如锦，还漂浮着朵朵莲花。整个画面有景有情，并且是以剪影式侧面表现的，具有一种很强的装饰韵味（图1-43）。古埃及图案中最常使用的两种植物纹样是莲花和纸草，这两种植物是埃及尼罗河畔的土产，并且同埃及人的生活有着密切的关系。在埃及人的日常生活中，莲花是幸福美好的象征，而纸草可以用来写字，因此，莲花和纸草在装饰上应用很广，其构图常采用对称的手法。

古埃及图案中动物纹样和几何纹样的运用也很多。古代埃及有崇拜太阳的习俗，图案中常见生着鹰翅的甲壳虫捧着太阳（当然甲壳虫也被认为是神物）。其图案结构是以几何形为骨式，或在方格内填以动物和植物，如牛头、甲壳虫、莲花、葡萄等（图1-44）。

埃及装饰图案中，几何形的图案则常常以四方连续的形式用于古代帝王墓室中天花板的装饰。其结构繁复，以极富旋律之美的卷曲线统一着整体，显得静中有动，在严谨的格律中带有一种活力（图1-45）。

图1-43　汲水图/埃及
黑白构图，画风朴实。

图1-44　崇拜图腾/埃及

图1-45　几何连续纹样/埃及

此外，象形文字图案也是埃及最具个性的图案。世界上除中国以外，只有埃及有这种象形文字。古代埃及的象形文字从第一个王朝起一直到公元前4世纪的三千多年间，一直被广泛地使用着。起初每个图形都代表着一个完整的词或完整的概念，随着后来的发展，大部分象形符号有了音值。由于象形文字的工具作用，每个图形都要画得简明而特征突出，并且带有一定的规范性，因此，就其特点来说，一个个的象形文字也可以视为一个个图案。图1-46是一座方尖碑的碑文，为壁画和石刻上的文字，系猫头鹰、圣甲虫和鹰的形象。方格内为一组图形词汇，横列自左而右，上行为：哭、男人（儿子）、牛（公牛）、啤酒罐（醉）、蜜蜂（蜜）；下行为：雏鸟、欢乐、扬帆、女人（寡妇）、山地（沙漠）。

② 希腊图案

希腊是欧洲文明古国，也是世界文明古国之一。通常我们所说的古希腊艺术，是指希腊人在公元前十多个世纪所创造的建筑、雕刻和陶器艺术等等。公元前18世纪至公元前8世纪，希腊历史上习惯称为"荷马时代"（因《荷马史诗》而得名的），这个时期的陶器以几何形的横带条纹为主，至公元前9世纪末才出现了人物形象。这种人物的画法也是剪影式的，同时还带着原始装饰的质朴感。古希腊的植物图案，最常见的是掌状叶的变形植物和忍冬花（又叫金银花），这两种植物是希腊的特产。作为装饰花卉图案的主题，忍冬花与掌状叶的配合组成了种种形式的花纹装饰，常用于神庙中的天花板、边饰以及陶器上的带状装饰。这种带饰纹样是由掌状叶和几何形纹组合而成，纹样为严谨的二方连续结构，这是古希腊装饰图案中具有代表性的样式（图1-47）。

③ 日本装饰图案

日本的装饰图案有着其独特的艺术风格。日本主要受我国古代唐文化的深刻影响，在建筑、木工艺制作等方面处处带有中国艺术风格的痕迹，后经自身的吸收和发展，在平安时代逐渐形成了清新优雅的装饰语言，极有制作工艺精湛、

图1-46 象形文字图案/埃及

图1-47 植物花卉连续图案/希腊

图1-48 日式装饰图案

装饰细腻的艺术特色（图1-48）。

在近现代，日本的装饰图案更是发展了本民族鲜明的装饰风格，比较注重发挥自然材质美感。在看似简单的装饰图案布局中，变化着造型相互呼应，空间得到了有效的利用，规范布局结构产生秩序美感。这些精美的装饰图案具有鲜明的民族艺术风格。在日本的装饰图案中，有一种运用于建筑上掩盖钉子的装饰图案，称"钉隐"。整幅图案很大程度地反映了唐代纹样的特征，中心图案尤其明显。在室内装饰中，钉隐装饰图案被大量运用于屏风、沙发、床单、灯具等装饰图案中。

④波斯装饰图案

古代波斯帝国，手工艺极其发达，在各种各样的工艺品上创造了大量精美的装饰图案，而且具有精美和华丽的特征。装饰图案内容涉及人物、动物、植物、几何形状等等，非常广泛（图1-49、图1-50）。

图1-49 波斯地毯图案

图1-50 波斯陶瓷图案

波斯工艺的品种也非常多,有金属器皿、染织、陶瓷以及建筑装饰等,装饰图案追求形态的完整、圆满,极富装饰性。

同时,在空间设计中,装饰图案被大量运用于地面和生活用具上。在波斯的图案中,有一种联珠纹的骨架结构是波斯装饰图案的一大特色,圆形的边缘由圆珠围成圆框,圆珠面积较小,大面积的圆形内常以对称动物装饰,造型独特、结构严谨、连接自然,同时也影响了我国唐朝时期的图案纹样。

1.1.3 装饰图案的艺术特征

(1)替色与变形

装饰图案是来源于生活且高于生活,但最终又服务于生活的一种艺术形式。但凡有生命力的装饰图案其创作来源必定是扎根于现实生活的方方面面,比如图案创作前期的写生就是最直观的例子。但是现实中的景象一般不能极致地凸显装饰图案的表现性,所以对于写生绘画的变形与色彩选择上的思考就是写生类原生态绘画过渡到装饰图案的桥梁。替色即是整体思考画面的配色关系,重新赋予画面新的色彩(图1-51)。

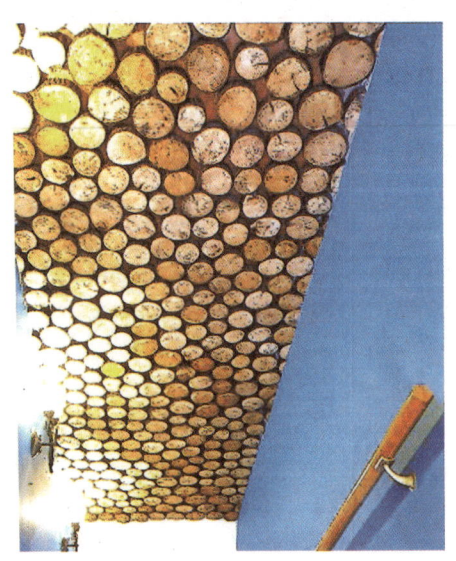 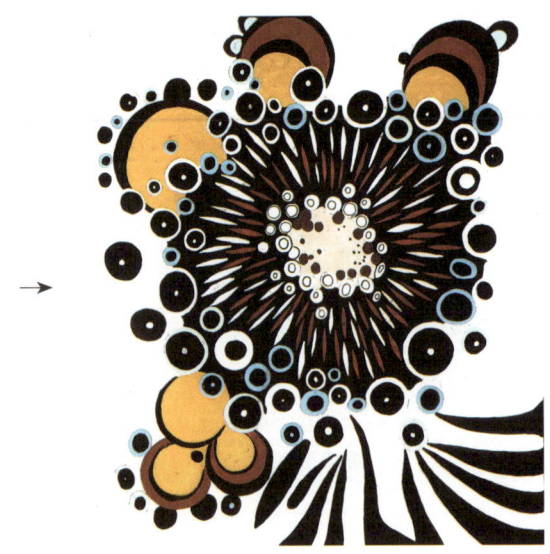

图1-51 色彩二次赋予/吴良兰

圆木给予摇滚的动感,画面的色调又展现出清新的性格,摇滚迸发出绚烂的火花,点线面变形与蓝黑替色的对比自由强烈。

变形包括两层含义，一是在写生类作品基础上经过具象→抽象→意象→符号化的变化过程。这一过程要求学生要有一定的抽象思维能力，能够提炼出源图案的精神实质，经过一定的形式美法则创作出新的图案构形。新的图案可以是源图案精神的延续，也可以是另一种思想的表达（图1-52）。变形的第二层含义是指对已有的设计类图案进行新的二次创作，此时可以保留原本图案的创作理念或内涵，亦可以提取其中的基础构成元素进行不同于原本图案的全新创作。

（2）平面的形式创作

装饰图案艺术的平面形式创作是指图案的设计和制作过程基本都是在二维平面上完成的，这是创作过程中的限定条件。

实际的生活环境是错综复杂的，且大多是三维的现实环境，这就要求装饰图案的创作过程中，设计者要把握好立体与平面的关系，可以保留立体环境的感觉，也可以纯粹地进行二维平面的创作（图1-53、图1-54）。

图1-52　图案的二次变形/梁彩丽

（3）秩序与美感

装饰图案在布局方面追求形的完美，合理有效地利用空间，有规律地组织图形，产生秩序的美感。装饰图案的布局已不再是自然的真实写照，而是设计者依据形式美的规律来安排。例如，装饰图案中公共轮廓的应用。设计师可根据

图1-53　立体环境的平面创作/左良玉

图1-54　图案的平面化创作/蝴蝶

型与型之间的关系，形成公共轮廓线，使型与型相互依存、相互制约，融为一体，有效地体现秩序美与平面化特点（图1-55、图1-56）。

（4）理想化的臆想

装饰图案某种意义上讲亦是一种建立在客观现实基础上的主观感性表达，只不过是以图案的

图1-55　刺绣图案/适合纹样/秩序美

图1-56　壮锦图案/连续纹样/秩序美

形式展现出来的。所以人的一些主观臆想在画面上的体现也是图案的艺术特征之一。自人类有史以来,不论是古老文明崇尚的各类图腾,还是西方社会对于上帝的信仰,都投射出不同文明群体的一个共同特点:崇尚生活的理想化(图1-57、图1-58)。

(5)概括与加强

图案的概括与加强是将对于自然物象的观察与观察者自身感受结合的一种手法。图案创作者在观察自然物象时要着重观察造型美、姿态美、轮廓美等装饰特征,以宏观视角研究所观察事物。同时,对于事物细节上的细致变化也要十分注意,将整体的概括与细节加强融会贯通,是创作出精美的装饰图案的不二法则(图1-59)。

图1-57 富贵鼠/适合纹样/张方林

图1-58 龙凤呈祥/喜碟

龙凤呈祥是中华民族最为喜爱的理想化图案之一,寄托了人们对于上天神兽的敬畏与推崇和对美好生活的憧憬。

图1-59 中式地毯装饰手绘/廖远芳

整体上综合运用中式装饰设计元素,风格定位准确,细节部分同样精致,表现到位,体现了图案概括与加强的实质。

1.1.4　装饰图案的题材与分类

装饰图案设计范围很广,在分类方面所依据的标准不同,得出的分类结果也不同,常见分类方法有以下几种:

(1)按装饰用途划分

按装饰用途划分,包括日用品装饰图案与陈设品装饰图案。

日用品装饰图案:日常生活所常用的物品装饰,如服饰图案、器皿装饰图案、标志图案等。

陈设品装饰图案:室内外陈设品表面或立体装饰图案,主要起点缀美化作用,如书籍装帧图案、屏风装饰画、家具绘雕图案等。

(2)按装饰图案自身空间维数分

按装饰图案自身空间维数来分,包括平面图案和立体图案。

平面图案:通指在二维空间用于平面设计装饰的图案表现,例如书籍装帧图案、广告图案、染织图案等(图1-60)。

立体图案:是相对平面图案而言的,其在建筑结构、家具设计、金属装饰品、木质雕刻中常有出现(图1-61)。

(3)按基础训练和实际应用分

按基础训练和实际应用来分,可分为基础图案和专业图案。

图1-60　平面图案在书籍装帧中的应用

图1-61　立体图案应用

基础图案：其最大特点就是创作设计过程中不受工艺制作限制，不需要特定考虑其实用功能要求，而是为了学习掌握图案的构图、色彩、造型等基本规律而创作的联系类图案，为后期的专业图案设计打基础。

专业图案：相对基础图案而言，专业图案是针对特定情况和环境而设计的，要满足一定的完整度，同时要满足实际制作过程中的工艺要求，是基础图案的实物化和完整化过程。

（4）按装饰图案的取材分

按装饰图案的取材来分，包括植物图案、动物图案、景观图案、人物图案、几何图案等。

（5）按装饰图案的组织形式分

按装饰图案的组织形式来分，包括单独图案、适合图案、二方连续图案、四方连续图案以及综合图案等。

1.2 室内设计风格与装饰图案

1.2.1 中式设计风格图案

中式风格是源于我国传统艺术文化的独特室内设计形式,以宫廷建筑为代表的中国古典建筑的室内装饰设计艺术风格,气势恢弘、壮丽华贵,高空间、大进深、雕梁画柱、金碧辉煌,造型讲究对称,色彩讲究对比,装饰材料以木材为主,图案多龙、凤、龟、狮等,精雕细琢、瑰丽奇巧。

中式风格装饰图案常涉及中国古典文化的精彩之处,借助诗词画的意境,创作出的图案以及图案所应用的项目案例自然也被赋予了中国风的独特韵味,所用的荷花、祥云、花鸟等主题的图案,不禁让人联想到李白《古风·碧荷生幽泉》中所吟唱的:

　　碧荷生幽泉,朝日艳且鲜。
　　秋花冒绿水,密叶罗青烟。
　　秀色空绝世,馨香为谁传。
　　坐看飞霜满,凋此红芳年。
　　结根未得所,愿托华池边。(如图1-62~1-65所示)

图1-62 中式风格/软装图案

图1-63　中式风格/壁纸图案

图1-64　中式风格/壁纸与地毯图案

图1-65 中式风格/立体浮雕图案

1.2.2 欧式设计风格图案

欧式风格室内设计，多以古典风格为主，给人以高贵、典雅的感觉。装饰品则是以白色或深色居多，多带有欧式复古装饰图案，大多数家具雕刻有精细的装饰图案。欧式复古装饰图案常常具有朴拙粗犷、手法自然、大方有力度的淳厚艺术风格。通常欧式复古风格的室内装饰在墙纸、布艺、地毯等上面带有艳丽的装饰图案。在空间设计中，复古式的装饰图案常常被应用于沙发、室内边饰、灯具、家具上。复古式的丝绒壁纸装饰图案尽显高贵品质，颜色淡雅，纹样大都华丽大方，富贵而又不失庄重（如图1-66～图1-70所示）。

图1-66 欧式风格/地面图案

图1-67　欧式风格/陈设品图案

图1-68　欧式风格/壁纸图案

图1-69　欧式风格/织物图案

图1-70　欧式风格/家具图案

1.2.3　东南亚设计风格图案

东南亚由于其地理、气候、风俗等特点，产生了独具魅力的装饰风格。东南亚风格的室内空间设计以其来自热带雨林的浓郁和自然之美尽显其民族特色。其独有的魅力和热带风情，需多结合东南亚民族岛屿特色及精致文化品位来设计。这种风格的特点是原始自然、色泽鲜艳、崇尚纯手工，以线条简洁凝练、祥瑞的花纹、简洁的设计而著称。在装饰中，最抢眼的要属绚丽的泰抱枕，是沙发或床最好的装饰，明黄、果绿、粉红、粉紫等等香艳的色彩搭配精巧的靠垫或抱枕，使色彩统一装饰主要体现在柚木饰面、地板、质感墙纸、花纹地砖等，整体色彩浓重。由于东南亚地处热带，气候闷热而潮湿，因此在室内空间设计中常常多以夸张艳丽的色彩冲破视觉。东南亚风格的装饰格调，多以宗教色彩浓郁的神色系为主要特征，大量采用深棕色、黑褐色、黄色、金色等，多以复古、禅意、环保为主题。在空间设计中，装饰图案被大量应用于地面装饰和生活用具上（如图1-71～图1-74所示）。

图1-71～图1-74　东南亚风格装饰图案

1.2.4 地中海设计风格图案

地中海风格的图案美,包括"海"与"天"明亮的色彩,仿佛被水冲刷过后的白墙,薰衣草、玫瑰、茉莉的香气,路旁奔放的成片花田色彩,历史悠久的古建筑,土黄色与红褐色交织而成的强烈民族性色彩。当然,图案设计元素不能简单拼凑,必须有贯穿其中的风格灵魂。地中海风格的灵魂,比较一致的看法就是"蔚蓝色的浪漫情怀,海天一色、艳阳高照的纯美自然"。家具构造图案多为简约的几何排布形状,显现出地中海极致纯真的质朴,织物的图案有纯色和波普风格纹样,营造出轻松纯真的感觉(如图1-75、图1-76所示)。

图1-75　法式地中海风格/条纹、纯色与适合纹样综合

图1-76　希腊地中海风格/蓝白镶嵌的色彩搭配

1.2.5　田园设计风格图案

田园风格图案是以田地和园圃特有的自然特征为主要特点，带有一定程度的农村生活或乡间艺术特色，营造出自然闲适的居住环境。田园装饰图案特点主要体现在华美的布艺上多以碎花、条纹等装饰图案为主。花卉装饰图案是田园的主题，能散发出乡村田园特有的清新和恬静气息，营造出浪漫情调。多以纯手工制作，布面花色秀丽；多以纷繁的花卉图案为主要装饰，是田园风格空间设计的永恒主调。田园风格非常重视生活的自然舒适性，充分显现出田园的朴实风味与浪漫情怀。开放式的空间结构，在室内空间设计中力求表现悠闲、舒畅、自然的田园生活情趣，清新典雅，田间乡土里的馥郁气息扑面而来，带给人温馨宁静的感觉，画面明亮而欢快（如图1-77、图1-78所示）。

图1-77　田园风格一角/花卉图案大放异彩

图1-78　田园风格客厅/美式田园

chapter 2

装饰图案的设计法则

2.1 图案的形式美法则

2.2 图案的造型设计原则

2.3 图案的创新设计法则

本章内容：

装饰图案的创新设计法则、形式美法则以及造型法则。

相关知识：

①图案设计的创新法则。

②图案设计的形式美法则。

③图案的造型法则。

训练目的：

通过本章节的学习，掌握图案设计的创新法则，学会融会贯通，能够从形式美法则角度评价图案的美学价值，掌握图案的造型方法，并将法则灵活运用到实际图案创作过程中。

训练要求：

①建立图案创新思维。

②了解和掌握图案形式美法则在图案创作中的具体应用。

③掌握图案的造型法则。

训练时间：

15课时+课余时间。

相关作业：

根据图案创新法则、形式美法则以及造型法则分别设计两套不同类型的装饰图案，要求体现法则原理，具有形式美，造型和谐。

2.1 图案的形式美法则

装饰图案作为装饰艺术的分枝，其所展现出的美感同样遵循一定的规律，这种规律正是造型艺术中的形式美法则。装饰图案由于自身特殊的艺术类型与纯绘画类艺术有所不同，在创作过程中，对于形式美法则的依赖性要高于纯艺术类绘画。装饰图案注重形式美、外在美，且强调形式的表现。所以对于装饰图案形式美法则的学习研究就显得十分有必要了。

2.1.1 对称与均衡

（1）基本原理阐释

对称的形式美形态在生活中十分常见，如动物的头部，植物的花、茎、叶的整体形状都体现着对称形式的美。此外，中式建筑的布局规划、庭院的错落景致、亭台楼阁的建筑外观、明清家具的左右呼应等等，无不展现了对称形式美的魅力。对称形式可以表现一种庄重严肃的平衡美，但过多地运用对称也会有呆板、单调的感觉。

对称在装饰图案中大多用来表现平衡稳定的画面效果。对称又分为绝对对称和相对对称两种形式。

① 绝对对称

此种对称形式在造型结构、色彩运用两方面都绝对的相同。按对称方向又分为左右对称、上下对称、转换对称和旋转对称几种形式。中国传统文化宣扬的中庸之道常有体现对称形式之美的情况，如每逢春节举国上下张贴的对联、双喜字、各式的窗花纹样等都体现了绝对对称的形式美（如图2-1、图2-2所示）。

此外，转换对称与旋转对称在各式的适合纹

图2-1 植物花卉纹样/上下、左右绝对对称
多层次的植物花卉纹样严格按照规定的几何角度重叠，画面平衡稳定。

图2-2　窗花/左右绝对对称

图2-3　四兔共耳/拉达克巴斯国城寺庙/左右旋转对称

样图案中常有应用。相比绝对对称形式，这两种对称形式可以在整体表达平衡稳定的前提下，展现出一定的律动与活泼（如图2-3所示）。

② **相对对称**

相对对称的概念是相比较绝对对称而产生的，是指纹样总体外轮廓呈对称状态，但局部存在形或量的不等之处的组织形式。具有动静结合、稳中求变的新鲜感（如图2-4所示）。

③ **均衡**

当两端承受的重量由一个支点支持，双方构图上得到稳定的状态，称为均衡。装饰图案设计上的平衡并非指实际重量与力矩的均等关系，而是根据形象的大小、轻重、色彩及其他视觉要素的分布作用于视觉判断的均衡。装饰图案上通常以视觉中心（视觉冲击最强的地方的中点）为支点，各构成要素以此支点保持视觉意义上的力度

图2-4　文官朝服纹样局部/相对对称
整体以祥云纹和回字纹作为表达对称图案的基础元素，画面中央的白鹤图样头向西北蓄势待发，相对对称图案展现出一种变化之美。

图2-5　花雀争春/均衡之美
鸟与花卉植物纹样，层次多样，套色讲究，鸟的造型颇具动势，整个画面各个组成元素均衡排布，营造出一种春意正浓的意境。

均衡。在实际生活中,均衡是动态的特征,如人体运动、鸟的飞翔、野兽的奔驰、风吹草动、流水激浪等都是平衡的形式,因而均衡的构成具有动态。

有均衡形式美的图案一定要把握好重心,同时抓住实体的平衡、色彩的平衡、空间的平衡、形态的平衡等诸多均衡因素。这些因素都决定着所创作的装饰图案美感的表达,优秀的均衡图案给人以饱满而不是规则感,丰富又不乏细节的精妙。如图2-5所示。准确地运用好均衡,能够使得图案更具有创造性,这一点是对称形式无法比拟的。均衡在装饰图案设计的整体结构中呈现出非对称的形式,注重视觉重力的平衡而非外形的对称,在变化中求统一,更富运动感、多样化和自由性,更注重作者的创造性和主观性。

(2)实际设计案例对接

对称与均衡实际设计案例见图2-6~图2-8。

图2-7 均衡/深圳招商华侨城曦城四期独栋别墅(a)/黄志达

图2-6 蝶形天花设计/对称

图2-8 对称/深圳招商华侨城曦城四期独栋别墅(b)/黄志达

2.1.2 变化与统一

(1) 基本原理阐释

任何一个优秀的装饰图案必须具有统一性，这种统一性越单纯，越有美感。但只有统一而无变化，则不能使人感到有趣味，美感也不能持久，这是因为缺少刺激的缘故。变化是刺激的源泉，有唤起人兴趣的作用。但变化也要有规律，无规律的变化，反而会引起混乱和繁杂。因此变化必须在统一中产生。

变化与统一是矛盾的对立与统一，在装饰图案的创作过程中两者既相互依存又相互独立。总之，"变化"和"统一"密不可分：过于强调"变化"，将使整个图案显得杂乱无章、混乱无序，产生过于强烈的视觉刺激从而引起视觉疲劳，并且不利于图案主题的理解。过于强调"统一"将产生呆板、单调、平淡的视觉心理效果，也容易引起视觉疲劳。装饰图案变化与统一主要体现在构图、造型、色彩以及处理方法等方面。

① 构图

装饰图案画面构图构成及影响因素包括形体、方向、主次、动静等变化的掌握，实际运用过程中侧重表现的方面不同，也导致了构图效果的大相径庭，如图2-9所示。

图2-9 构图变化

花卉图案取材都源自自然界，不同的图案构图，创作出了变化不同的纹样图案。

②造型

造型中的对比因素包括造型的大小，形象的方圆，线条的粗细、曲直、长短，这些构成了装饰图案的变化特征，如图2-10所示的动物图案。

③色彩

运用色彩要达到统一协调的色调，区分好明暗的层次，把握好主从的关系，对于冷暖的变化要依据创作和所要表达的主题实际运用。

（2）实际设计案例对接

变化与统一实际设计案例见图2-11～图2-13。

图2-10 造型的变化

不同粗细、长短和曲直的线形变换出了动物各式造型，黑白着色面积的变化表现出图案的不同质感。

图2-11 某宴会厅设计/高镜伦

地毯图案造型以卷云纹构建，整体形式统一，色调和排布方向表现出变化统一的形式美。

图2-12 深圳招商华侨城曦城四期别墅主卧/黄志达

天花和墙面以线条图案装饰,两部分造型统一,但墙面着色不同于天花,两者垂直相交的结合,变化统一感突出。

图2-13 新北市三重区/王俊宏

空间吊顶采用并排结构,但在灯具设置部位将材料的弧度和尺寸进行了改变,巧妙地制造出了灯具的灯罩结构,运用了立体图案的层次配合方法,不变中蕴含了变化。

2.1.3　条理与反复

（1）基本原理阐释

"条理"指将装饰图案的构成要素按照一定的规律来严格组织和群化、概括整理，产生强秩序感的构成形式。"反复"是重复的条理，指将单位纹样的构成要素按特定的形式有规律地重复而形成的构成形式。

反复的形式包含在对称图案和连续图案中，常分为两种情况，一是将单位纹样按照一定的结构持续不断地重复，叫"单纯重复"（如图2-14所示），如镜面对称、平移对称；另一种是将一个或多个单位纹样的构成要素进行不断重复，有意识地将构成元素进行了改变，称作旋转重复

图2-14　单纯重复/条理与反复

（如图2-15所示）。

条理与反复符合人的心理生理结构要求和谐、秩序的原则，秩序的中断将引起视觉的注意，由视觉的停顿产生视觉的显著点。如图2-16所示的木材美学设计图案，将木材自身微观结构中含有美学元素的局部进行对称排列的二次设计，极大地开发了木材的非物质属性。由于木材本身纹理已具有一定的条理性，在反复构图的原则下得到了精美的木材美学图案。

（2）实际设计案例对接

条理与反复实际设计案例见图2-17～图2-19。

图2-15　旋转重复/条理与反复/谢娇娜

设计起点（树皮纹理）

设计终点（木材美学连续图案）

图2-16　木材美学图案设计流程/罗建举

图2-17　深圳招商华侨城曦城四期别墅会客厅/黄志达
重复的结构图案装饰天花，突显环境的稳重气质，色调的深浅和位置的高低变化表现出一种规则化，条理明确。

图2-18 建筑过道天花造型/条理与反复　　图2-19 深圳招商华侨城曦城四期别墅楼梯转角/条理与反复/黄志达

2.1.4　对比与调和

（1）基本原理阐释

对比与调和是"变化统一"的最直接表现。"对比"可以使视觉上产生张力，强调画面的重点，主题更突出。"调和"减弱对比的刺激度，通过调整和加强各要素之间相同或相似的属性，产生一种连接的力量，产生符合人的视觉心理需求的适度美感。

"对比"与"调和"相互依存：没有对比的调和，画面会单调、平淡；没有调和的对比，画面会分崩离析、互相排斥。

画面的色调表现，互补色对比最为强烈。对比的方法则有以下几种：

① 调整色块的面积大小，分清主次。

② 视情况对色彩进行加强或减弱对比处理。

③ 将明度或纯度调整到相近的程度，降低互补色的对比度。

④ 巧用无色系黑白灰将互补色之间相隔。

对比法则在装饰图案造型中的具体表现与变化统一相同，调和在装饰图案造型中的应用手法有以下方式：

① 用近似或相同的手法调整造型中的各要素，寻找共通点。

② 采用视觉效果相同的装饰技法。

③ 强化相同或相近的色相、明度、纯度，通过加白加黑调整冷暖，使画面产生一种统一的倾向。

④ 构图中考虑视错觉的因素，削弱或加强造型间"力"的对抗，使组织的构成要素在整体的画面结构中产生视觉重力的和谐，遵循平衡的原则。

装饰图案中，两个以上不同形状元素共存就产生了冷暖、大小、长短等对比关系。多对比可以打破呆板单调的画面性格,彰显出装饰图案丰富、生动的艺术性。

对比的主要表现形式有:

①造型方面,有大小的对比、轻重的对比、粗细的对比、疏密的对比、曲直凹凸对比(如图2-20所示)。

②色彩方面,有明度对比,主要是中色调、

面,调和色彩给了画面更多的可能性,丰富了画面的层次,如图2-21(b)所示。

装饰图案凭借众多的对比因素产生了丰富的变化,活跃了画面质感,但是过分强调对比,或者方法运用不当,就会使得画面显得生硬,难以被人接受,所以对比的表现手法在实际运用时一定要有一个合适的尺度才能真正产生和谐的美

图2-20 造型对比/陈永

亮色调以及暗色调等不同的变化;色相对比,指不同面貌色彩得到的种种对比联系(如图2-21(a)所示);纯度对比,纯度即饱和度,高低纯度的对比可产生协调的色彩过渡效果。

③构图方面,即图案结构上的对比,包括方向对比:不同形态的朝向对比关系;聚散对比:不同于纯艺术创作绘画,装饰图案在表现聚散对比时不会特别强烈,但是合理把控好画面中的各个元素,可以产生不同空间的变化效果。

调和相较所涉及的方面则相对集中于色彩方

(a)

图2-21 色相对比/酸甜苦辣

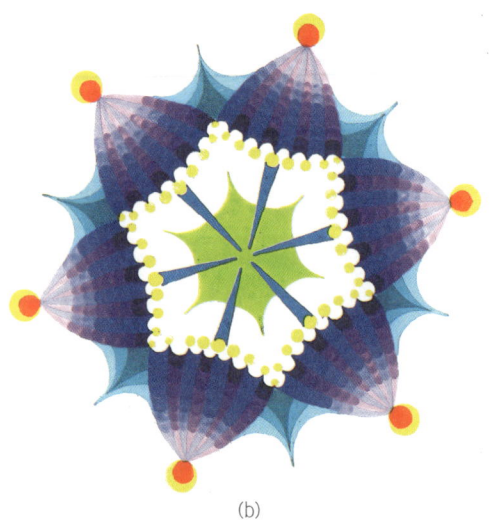

(b)

图2-21 色相调和/取色于自然色/冷暖色相对比

感。如图2-22所示，夏加尔描绘了一种记忆中的人与村庄的抽象画作，在色彩、面积、明暗等多个方面进行对比，同时画面协调安定，引人产生梦幻的想象。

（2）实际设计案例对接

对比与调和实际设计案例见图2-23、图2-24。

图2-22　我与村庄/对比与调和（俄国）/夏加尔

图2-23　成都蓝光和骏47亩售楼中心/对比调和/殷艳明

各界面的造型对比无处不在，从地面、墙面到天花，营造出自然、生机勃勃的社区主题。

图2-24　福州阳光城新界销售中心/对比调和/刘建明

洽谈区的座椅、地面以及背景墙的色调均显得调和统一，界面的型制又有着极强的对比。

2.1.5　动感与静感

（1）基础理论阐释

动感和静感是人们在长期的生活实践和文化传承中获得的经验和感受。人们可以通过动感和静感来判断和感受装饰图案造型的情感倾向。变化产生动感，统一产生静感（如图2-25所示）。

动感与静感同样来自实际的视觉经验，是相比较而共生的。总的来讲，直线偏向静感，曲线倾向于动感；水平线较为静感，而垂直线则具有

图2-25　画面的动感/日本浮世绘图案/神奈川冲浪里

动感的性格。直线与斜线相比,斜线属于动感线条,直线属于静感(如图2-26、图2-27所示)。同时,在构图选择上面,对称构图会赋予画面安静的属性,自由均衡的构图则使得画面富有律动(如图2-28、图2-29所示)。

图2-26 曲线的动感

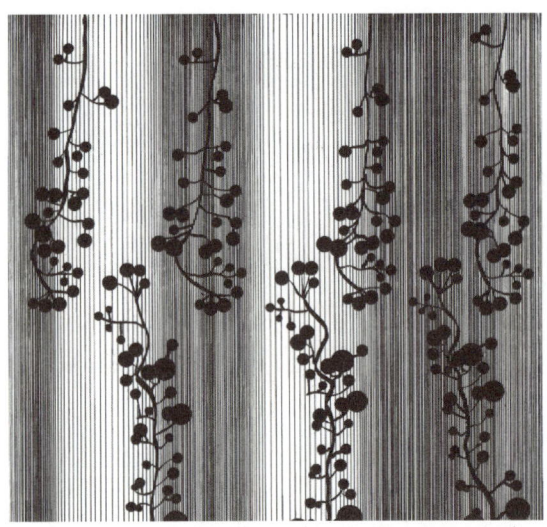

图2-27 曲直对比/动静对比

图2-28 对称的安宁/黄秋菊

图2-29 均衡构图下的动感/电脑设计图案

（2）实际设计案例对接

动感与静感实际设计案例见图2-30~图2-32。

图2-30　某酒店吧台设计/森田恭通
吧台顶部灯光设计以点元素为基准，点构成的图案效果与整洁的吧台面形成了动静对比。

图2-31　挪威Vennesla的图书馆/Helen & Hard建筑事务所
凹槽形的建筑结构梁嵌入了灯光，折线和曲线结合的造型构成了动感的纵深立体图案，与底部的阅读区域形成了动静对比。

图2-32　排练厅/广州大剧院/扎哈　哈迪德（英国）
结构层次变化多样，结合灯光的分割，将整个天花打造成了一幅充满动感的三维图案，与整洁平整的地面形成了动静对比。

2.1.6　节奏与韵律

（1）基本理论阐释

"节奏"的概念指在造型艺术领域里，造型和色彩等构成要素有规律地、周期性地交替与反复运动。交替与反复是其主要标志，突出主题重点，容易产生和谐、统一、鲜明、严谨的美感。

装饰图案中"节奏"的常见表现形式有：

①单一节奏：把单位图案母体通过位移的方式反复运用而形成的构成形式。视觉效果整齐、明快。如：连续图案、适合图案（如图2-33、图2-34所示）。

图2-33　单一节奏/二方连续

图2-34　对称的威严/中式适合纹样

②交替节奏:两种及两种以上构成要素以间隔交替的方式反复排列形成的构成形式。应注意交替排列的构成要素越多越容易产生丰富、运动的感觉,要适度控制。

③对称节奏:中轴线的构成要素两边完全对称或相对对称产生的节奏感,产生庄重、肃穆、安定之感。

④发射节奏:装饰造型纹样按向外发射或向内集中的骨骼结构反复排列形成的构成形式。如汉代的铜镜、白族的扎染(如图2-35、图2-36所示)。

图2-35 汉代铜镜

图2-36 白族扎染/发射

⑤旋转节奏：按曲线形的发射骨架排列形成的构成形式，产生较强的运动感和漩涡感。

⑥反转节奏：在一个外轮廓线内，将单位纹样进行方向正反位置的调换而形成的构成形式。这种节奏构成形式常见于中国传统民族图案中，常以S线作为中间分隔线，如太极图。

⑦渐变节奏：指单位纹样的构成要素在进行交替反复排列时加入了渐变的手法，产生较强的秩序感和方向运动感。如色彩中的明度推移、纯度推移等。

"韵律"的概念是指节奏在反复交替运动中出现的对比和变化。比起节奏，韵律既有内在的秩序，又有多样性的变化和对比，节奏的速度、方向和力度对韵律有直接的影响。

"韵律"的常见表现形式：

①起伏节奏：单位纹样以波浪线骨骼结构形成的构成形式。如唐代的卷草纹，如图2-37所示。

②近似韵律：一个单位纹样母体以多种不同的表现方式呈现的构成形式。

图2-37　唐代卷草纹

③渐变韵律：单位纹样的构成要素在进行造型组织时加入了渐变的递增、递减而形成的韵律构成形式，如图2-38、图2-39所示。

④呼应韵律：指为了重复主题或减弱对比以及视觉重力的平衡而在相对的位置上加入了相似的构成元素，如内外呼应、前后呼应、左右呼应等。

"节奏"与"韵律"彼此间有内在的联系，又相互独立。韵律建立在节奏的基础上，是对节奏的进一步诠释。

图2-38 变化的律动（一）/迪拜奢华Switch餐厅/Karim Rashid　　图2-39 变化的律动（二）/迪拜奢华Switch餐厅/Karim Rashid

（2）实际设计案例对接

节奏与韵律实际案例见图2-40、图2-41。

图2-40 "绿金俱乐部"私家会所/节奏与韵律/黄志达

图2-41　节奏与韵律/吴华

2.2 图案的造型设计原则

2.2.1 装饰图案的基本造型元素

（1）点的造型与运用

点是最小的造型元素，不同的点在平面、大小、色彩、质地等方面都有区别，产生不同层次、不同虚实、不同明暗、不同审美感受，增强装饰效果。

①点的形态

点的形态常分两种：一种是规则的几何点（图2-42），产生统一、秩序的印象，如方点、圆点；另一种是不规则的自由点（图2-43），产生变化、运动、随意之感，如花瓣、溅墨等。

图2-42 规则的点

图2-43 不规则的点

②点的运用

a.单独的点：使视线凝固集中。

b.点按照大小、疏密、轻重渐次排列时，产生强烈的运动感和节奏感（图2-44）。

c.用点的密集度塑造图案的黑白灰层次、结构的转折，细致生动。

b.以群体的组织形式反复、有序地排列而产生的线型图案（图2-45、图2-46）。

c.按每个时代的审美特征安排用线。如唐代壁画的用线——圆润，刚劲；明清陶瓷的用线——繁缛，柔美。

图2-44 点的大小疏密

图2-45 线的疏密（木材年轮肌理）

（2）线的造型与运用

线具有位置、长短、宽窄、曲直、粗细、起伏等的不同，可以表现物象的外轮廓、空间、质感、凹凸、性格、结构、层次、虚实等。

①线的形态

线的形态常分很多种类：直线和曲线、虚线和实线、长线和短线、粗线和细线、几何线和手绘线等。"直线"如垂直线、水平线、倾斜线，产生刚烈、紧张、严谨之感。"曲线"有规则曲线和自由曲线，产生生动、轻快、优雅之感。

②线的运用

a.依据物象的外形、结构等特征来排列和组合线型图案。

图2-46 点线结合

（3）面的造型与运用

面具有概括、强烈、简明等视觉效果，常用于与点、线结合，产生虚实、疏密的节奏运动之感。

①面的形态

面的形态可分为三大类：

a.几何面：简洁，有条理。

b.自由面：强调手绘效果，随意、灵活。

c.肌理面：以擦、刮、印等各种技法或在带有特殊质感的材料上绘制出的面形图案。

②面的运用

a.面与面结合，单纯，有力。应注意区分主次、大小、形状、色彩、位置等，避免单调。

b.面与点、线结合，丰富，活跃（图2-47）。要在整体结构中具体安排，避免杂乱。

图2-47　点线面结合

2.2.2　图案造型设计原则

（1）提炼概括

与写实造型艺术相比，装饰图案造型艺术更注重对客观素材进行简化、提炼来突出主题的典型特征，从而使主题更鲜明，图案更具有装饰趣味，如图2-48～图2-51所示。

图2-48　人物提炼概括／廖丽源

图2-49　人物提炼概括／廖丽源

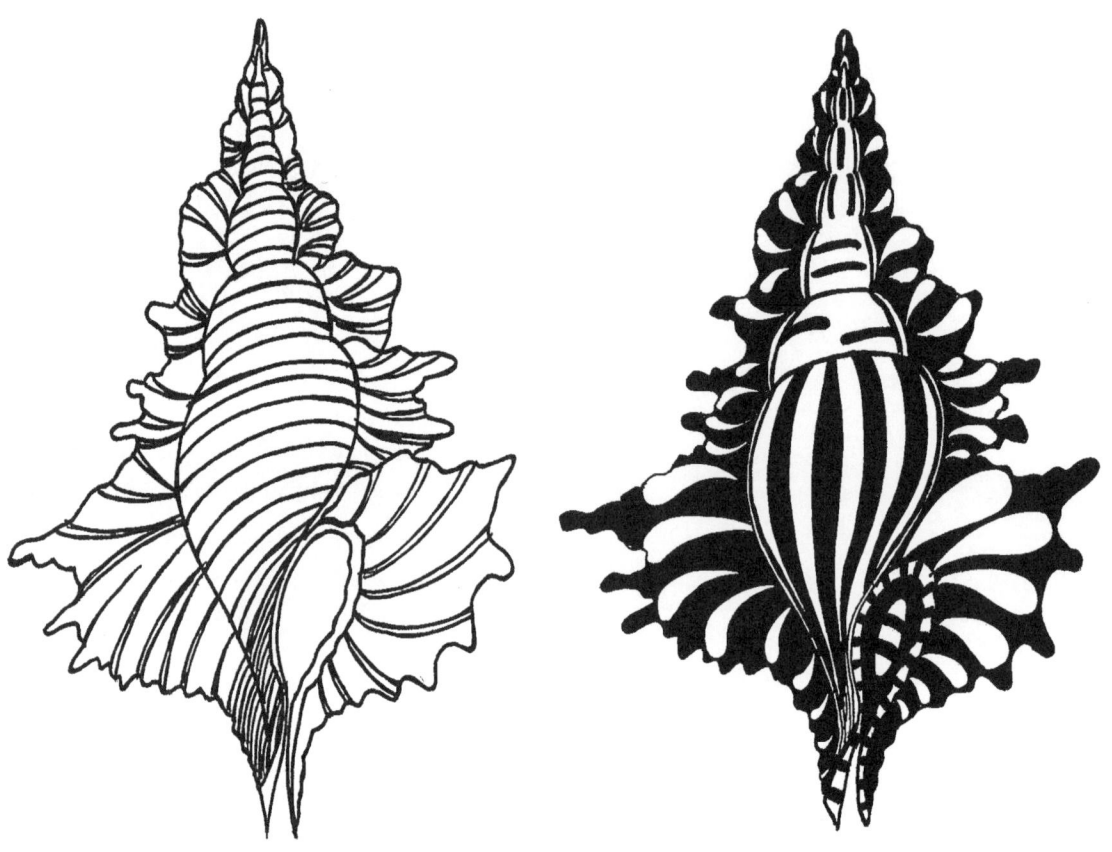

图2-50 海螺提炼概括 / 赵琪琪　　　　　　　　图2-51 海螺提炼概括 / 赵琪琪

提炼概括的三种常见方法：

①外部轮廓特征的概括

如，汉代画像砖、皮影艺术，见图2-52、图2-53所示。

②线面结合概括

借鉴光影效果来造型，用繁杂的线表现重要的结构，用简洁的面概括次要的细节，创造出类似木版画造型的形象。

③条理性概括

对构成要素中相同或近似的属性进行秩序化的简化，坚持变化与统一结合的原则。

（2）变形夸张

"变形夸张"指在图案设计中对客观自然物象的独特特点加以强化，从形态、结构、色彩等角度进行主观的领悟和表达。如采用简化、解构、重复、适形等艺术处理来使形象更鲜明、更具装饰趣味（如图2-54～图2-57所示）。

变形夸张的两种常见方法：

①形态夸张

形态夸张可以在造型要素上夸张，也可在整体和部分、部分和部分之间的比例、数量关系上下工夫。

②动态夸张

动态夸张指形体在动作上的夸张或者构图产生的运动倾向和节奏感。

2 装饰图案的设计法则　　055

图2-52　汉代画像砖图案/提炼概括

图2-53　人物皮影图案/提炼概括

图2-54 金鱼写生图案／何东谜　　　　　　　　　图2-55 夸张变形／何东谜

图2-56 提炼概括／何东谜　　　　　　　　　　　图2-57 添加完善／何东谜

（3）添加完善

通过添加完善的方法使图案的构成和主题寓意更加丰富、自由。产生超越自然逻辑和时空维度的效果（如图2-58（a）、（b）、（c）（d）和图2-59（a）、（b）、（c）、（d）所示的母鸡纹样、花卉图案）。

(a)　　　　　　　　　　　　　　(b)

(c)　　　　　　　　　　　　　　(d)

图2-58　母鸡图案的添加完善示例 / 李楚玲

(a)　　　　　　　　　　　　(b)

(c)　　　　　　　　　　　　(d)

图2-59　花卉图案的添加完善示例 / 陆锡琳

添加完善的两种常见方法：

①个体式添加

个体式添加将自然中多个物象的典型特征集中起来表现一个主题，如龙、凤、宝相花纹样。

②组合式添加

组合式添加将不同时间、空间的个体表现在同一造型图案中。

（4）散点透视

装饰图案造型中运用的散点透视法是指为了追求全方位的时空呈现和事物的完整性，而将不同角度的造型主观地组合在同一个平面中。常用于中国民间装饰图案，表达出人们追求圆满、完美的愿景。如上下并置的方法表现空间的远近。

散点透视的三种常见方法：

①平视体

将同一空间的不同深度以上下垒叠的方法呈现，如商代青铜器、战国时期铜壶"燕乐攻战纹壶"、汉代画像石、民间剪纸（如图2-60~图2-62所示）。

②立视体

采用多种视角在同一平面上表现物象的内外、左右、前后的全貌。与西方的"焦点透视"相比，这种透视方法无灭点，亦无固定视点；上下左右可无限延伸，视点可围绕对象自由运动。应注意将物象上下错开来表现空间深度，避免有遮挡。

③环形透视

采用正俯视的角度，将图案围绕中心进行排列，适合圆形图案的空间利用。如古希腊陶碗装饰图案（见图2-63所示）。

图2-60　青铜器纹样/平视体

图2-61　汉代画像石

图2-62　民间剪纸/万福朝寿/平视体

图2-63　古希腊陶碗装饰图案

2.3 图案的创新设计法则

早在远古时期，人类就已经开始习惯使用图形符号来传递信息和沟通情感。新石器时代的彩陶纹样与刻绘在石头崖壁上的岩画都记载下了人类最初对自然界的认知与理解，以及他们对自己的情感、内心世界的表达。这些图形随着时间的推移、历史的变迁，随着科学技术等等的不断演进，以及外来文化的不断融合而又不断衍变，从而形成了各个国家富有个性特色的图案文化。

因此我们说，在人类之初，图形为人类认识世界做出了极大的贡献。而现代图形设计是一个将创意视觉化、符号化的过程，创意思维根据设计意象对视觉元素进行选择、变换、组合，将视觉元素进行有机的关联与编排，使之形成特定的图形。而做好图案设计的第一步无疑就是创意。

2.3.1 开"源"与续"流"

无论是烟波浩渺的大海，还是小桥流水般的小溪，都离不开流水的源头，这里称作开"源"。图案设计之所以能够经受住历史的考验并在各个时期都有传承下来的经典，正是由于图案的发展过程，这里称作续"流"。坚持了传统图案的设计精髓，站在前人的肩膀上并结合当下社会各个审美层面的实际精神需求，可以说整个图案的发展历史就是传统优秀图案源头的开发与现代图案在传统的源头上延续设计的交互过程。

源头是一切的生长点，如何利用好图案设计的"源"，在任何时候都是一个需要重点解决的课题。

本节所阐述的"源"的概念不局限于中国传统图案的源头，同时还包含国外图案设计历史中可有所借鉴的方面。人类图案发展的历史可以追溯到原始社会，当时图案的实用属性大于装饰属性，人类将图案应用在石器、玉器、牙骨、陶器、染织及岩石壁画中。现今发掘出的国内外原始社会图案记录了当时生产与生活各个层面的丰富信息，比如古埃及金字塔内壁图案、广西花山壁画的蛙人群舞图形、古罗马建筑雕刻图案等（图2-64～图2-66）。世界各个地区在不同历史与文化时期所产生的艺术设计元素也不尽相同，整个图案的发展历史经历了图块、图样、图形、图案这样一个过程。当我们能够将目光投向世界，不要局限于个别地区范围，而是要将东西方图案设计发展的各个环节都能有机地联系在一起，相互借鉴与融合。源头的分支就是各个国家和地区特有的传统图案精髓，充分挖掘利用好这些图案在设计理念、时代背景、深层寓意等方面的可取之处，是图案设计一份不可多得的财富。

另一方面，所谓"续流"即是在传统图案的基础上结合所处的时代背景，创造性地进行有延续价值的图案设计工作。图案设计本身就是一种创造性的活动，既需要有原创设计来激发灵感，还需要有经过对不同文化以及图案符号的认知后，开发新的设计方法与思维。比如蝙蝠纹、万字纹、云纹、太极纹等经典古典图案，都是中国传统图案里传承不息的几种代表。将这些图案用于室内界面装饰、家居陈设品等方面，就是在中国传统图案设计的源头汲取营养的一种续"流"，但是这种直接的"拿来主义"还不是我们所追求的终点。我们所想要达到的理想目标是能够在保留传统图案设计精华的同时，融入新的有生命力的设计元素。这就要求设计者多了解传统文化符号与造物形式，并在此基础上找到传统图案艺术形式与现代图案设计语言的结合点，续好传统设计"源头"的分"流"，让图案设计这条大河延续不断。

图2-64　广西花山壁画

图2-65　古罗马建筑局部雕饰

图2-66　古埃及金字塔内壁

2.3.2　重构与再造

图案设计伊始，主要是原素材的收集与整理上，如何高效地寻找到适合自己创作意图的设计原素材是图案设计需要首先解决的问题。重构就是对已有设计图案的整体或局部进行重新定义和构成属性改变的一种方法。在图案的设计与教学实践过程中我们总结了重构与再造的几种方法：

（1）结构分解

结构即是完整的图案原本，在分解其结构

时，还可以分别按照整体几何规律式分解方式，以及自由结构式分解方式来分解。整体分解时不缺失图案原本的任何结构，分解手段按照一定的几何结构规律；自由分解时则不遵循特定结构规律，分解出的结构形状较为自由，有时会有意想不到的效果（如图2-67所示的凤纹分解示例）。

所选取的部位须是图案原本最具设计代表性的局部，比如中式传统木质雕刻图案中的蝙蝠纹样象征福气、云纹样象征祥和等。选取的角度也应符合一定的美学构图原则，截除原图的一些琐碎或代表性不强的部分，将所得图形进行二次设计，如图2-68所示的祥云纹样截取创作示例。

（2）选取截除

图2-67 马王堆凤纹分解示例/姜今

图2-68 祥云纹样的选取截除示例/王佳

（3）移形换位

推翻图案原图的结构和组织形式，打乱图形初始构图法则，重新移动排列图案原本的构成元素，同时也可以将分离出的构成元素经过二次创作变形得到新的构成元素，这些新的构成元素即是移形换位的设计素材（如图2-69、图2-70所示）。

图2-69 饕餮纹分解/姜今

图2-70 饕餮纹分解后的变形

2.3.3 二次创作、延伸想象

室内装饰图案是室内设计中尤为重要的一个方面，如何能够让图案设计保持可持续化的发展路线，创新的作用在此时就体现出来了。图案是意识形态、文化情感、时代表情等诸多方面的平面化体现，而上述方面无一不是随着时间与空间而不断变更的，所以变化创新是当下和未来室内装饰图案设计发展的必由之路，传统经典纹样中所折射出的智慧放至当下依然生趣盎然，如图2-71所示的"三鱼争头"纹样，构图精巧。但是并不是说要将变革创新凌驾于图案发展的其他层面因素，过重地强调，图案设计就能有所发展，而忽略传统图案精华弃之不用。正所谓"能向过去看多远，就能向未来看多远"。

图案的二次创作就是整理挖掘传统图案中的可二次投入新图形设计的元素点，通过创意和艺术变化，在传统的基础上进行一轮新的想象。如图2-72所示，央视经典栏目"东方时空"的标志，就是源自于相机镜头和眼睛的延伸想象，体现出看社会看世界的精神内涵。再比如图2-73所示，中国科学院高能物理研究所的标志，则是寓意天地乾坤、阴阳宇宙的交织与碰撞。由此可见，图案的二次创作方法有着强大的适应能力和现实意义。

与此同时，在确定好二次创作的原创点后，如何延续设计也是十分重要的一步。一般来说，此时设计者应结合所要设计图案的时代背景、设计原意图以及所选取的原创设计点自身的特点，在保留原创素材精髓的同时，加以延伸变化，比如线形结构、色彩分布、寓意延伸、图底反转等方法。下面以罗建举教授木材美学图案设计为例子，介绍图案延伸想象的方法。

图2-72　东方时空栏目标志

图2-71　三鱼争头

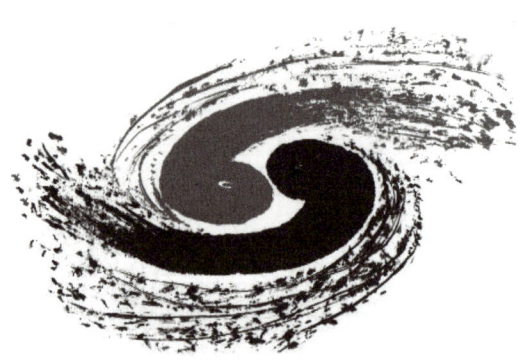

图2-73　中国科学院高能物理研究所的标志

2.3.4　木材美学图案创作过程

木材美学图案是利用木材微观构造提炼出图案设计美学元素，通过对这些元素的分析比对，找到结构造型以及色彩搭配上的可结合点，通过专业的图案设计软件设计得出的美学图案，应用范围包括室内软装、家具、织物等方面，对木材本身图案进行了二次创造，将木材之美进行了延伸想象（图2-74~图2-77）。

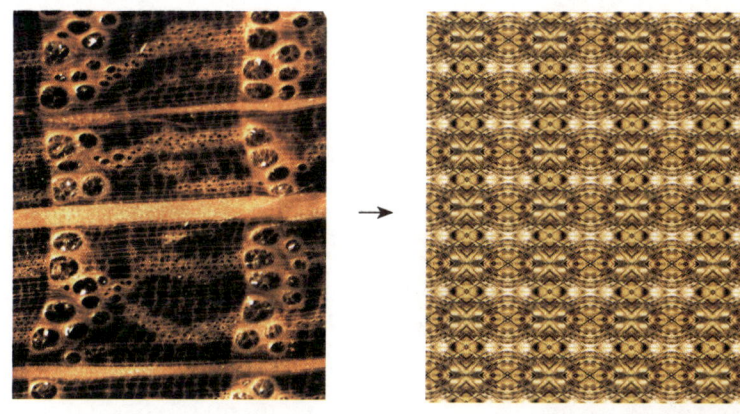

图2-74　木材导管微观结构（美学元素来源）　　图2-75　阔叶材导管木材美学图案设计

图2-76　西南猫尾树导管雕纹状穿孔板木材美学图案设计

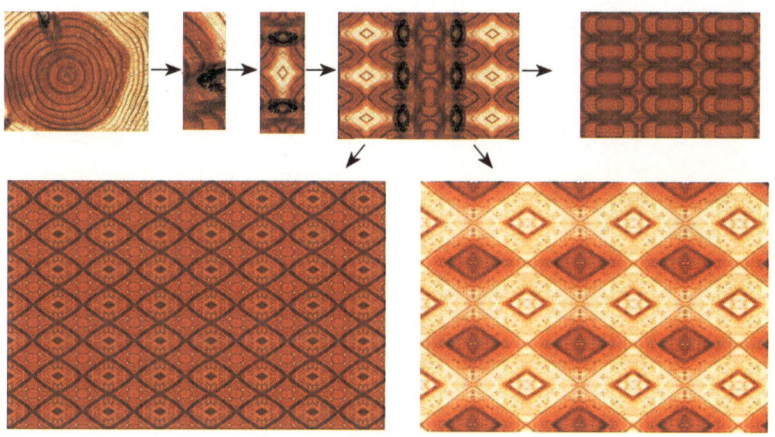

图2-77　木材年轮美学图案设计

2.3.5　木材美学图案色彩与黑白欣赏

（1）木材美学图案欣赏

木材美学图案应用见图2-78。

图2-78

（2）材料美学图案设计应用

木材美学图案设计应用见图2-79~图2-82。

（a）

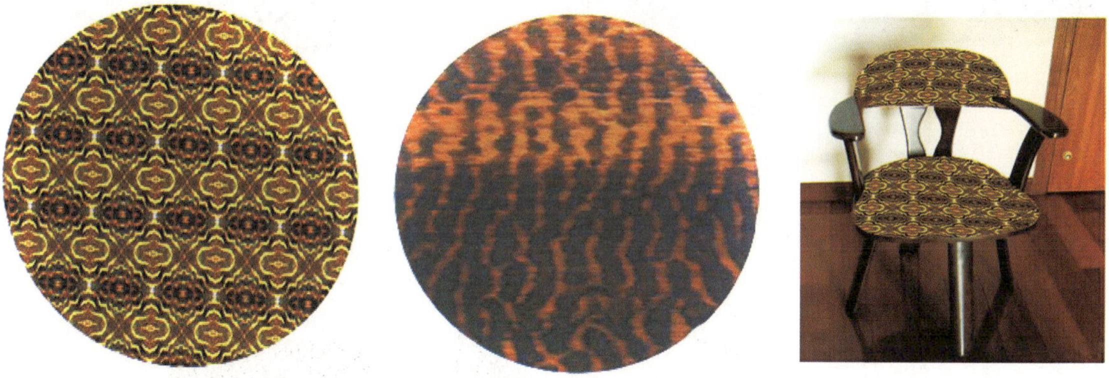

（b）

图2-79　室内家具设计应用

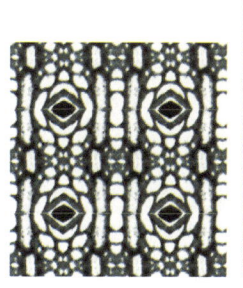

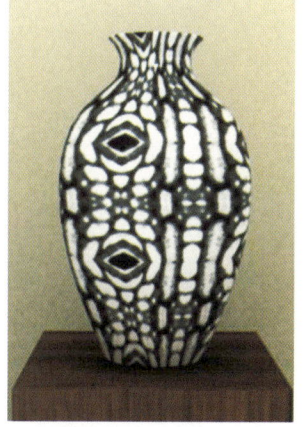

图2-80　木纹纹理图案灯罩设计　　　　　　　　图2-81　紫檀微木材美学陈设品装饰设计

室内装饰图案

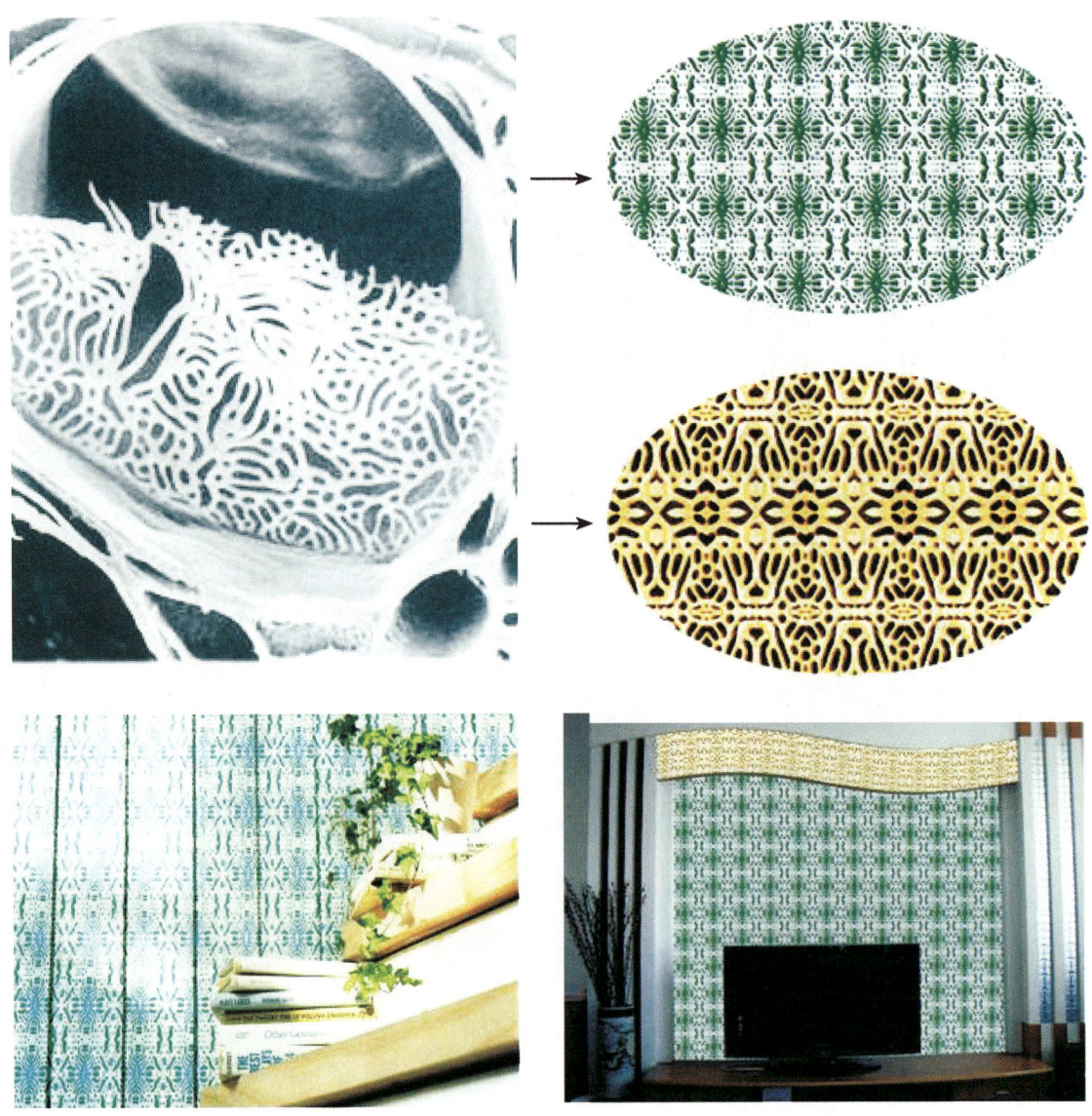

图2-82 西南猫尾树雕纹穿孔在室内墙面装饰上的应用

装饰图案设计的构成形式与表现方法

3.1　装饰图案设计的构成形式

3.2　装饰图案的表现方法

本章内容：

装饰图案的构成形式以及图案的表现方法。

相关知识：

①装饰图案构成形式。

②装饰图案表现方法。

训练目的：

通过本章节的学习，掌握并能够分析图案的构成形式，理解构成形式表现时的基本构成元素特点，为下一步图案的设计表现打好理论基础，掌握图案的常见表现方法。

训练要求：

①理解和掌握图案构成形式的分类原则。

②熟悉图案构成形式的结构和设计思路。

③掌握黑白与彩色图案表现方法。

训练时间：

40课时。

相关作业：

结合室内设计装饰图案特点，分别进行独立式、适合式、连续式、综合式的图案设计（黑白、色彩各一张），要求表现正确的构成形式，图案设计符合室内设计装饰要求（如天花吊顶的图案设计、背景墙的图案设计、地毯图案设计等）。

3.1 装饰图案设计的构成形式

3.1.1 独立型构图

(1) 单独式

单独图案指没有外形轮廓制约，具有独立性和完整性的图案。它是图案组织中最基本的单位，既可以单独使用，也可以通过组合形成复杂的图案运用于适合图案、连续图案等图案的构成形式。在室内设计中可用于家具、灯具、工艺品等物品的装饰上，具有极强的装饰作用，能体现出不同的室内装饰风格（图3-1～图3-8）。

图3-1 单独图案在茶具中的应用

图3-2 单独图案在灯具中的应用

图3-3 单独图案在工艺品中的应用（俄罗斯套娃）

图3-4 单独图案在灯具中的应用

图3-5 单独图案在家具中的应用

图3-6 单独图案在家具中的装饰表现

图3-7 单独图案在地毯上的装饰表现

图3-8 单独图案在隔断中的装饰表现

单独图案从骨架的结构上可分为对称式和均衡式两种形式。

①对称式。对称式又叫均齐式,它的特点是以中心轴为中心做上下左右的轴对称图形或以中心点为圆心的旋转对称图形。图案的结构饱满严谨、工整规则,可表现出庄严、稳重、整齐、平静的风格(图3-9、图3-10)。

对称式黑白单独图案作品见图3-11~图3-24。

图3-9 对称式结构骨架/沈桂香

图3-10 对称式结构骨架/韦杏田

图3-11 庞子欣

图3-12 庞子欣

图3-13 贝秀珍

图3-14 李连英

图3-15　张学杰

图3-16　蒙夏婷

图3-17　光品燕

图3-18　陆绍将

图3-19　阮明思

图3-20　吴岳

图3-21 刘宇

图3-22 范华龙

图3-23 陆绍将

图3-24 刘科

②均衡式。均衡式的组织形式和空间布局不受任何条件的制约，是相对自由的一种造型。均衡式并不是物理上的等量，而是视觉和心理上的平衡，它只需要保持画面重心的平稳。这种造型的组织形式自由灵活，可以很好地突出主题（图3-25、图3-26）。

均衡式黑白单独图案作品见图3-27~图3-37。

图3-25　均衡式结构骨架/罗岚兰　　　　　　图3-26　均衡式结构骨架/黄运隆

图3-27　白瑜　　　　　　图3-28　罗艳菊

图3-29 黄秀萍　　　　　　　　　　　图3-30 王昕

图3-31 罗岚兰　　　　　　　　　　　图3-32 黄朝阳

图3-33 庾美鲜　　　　　　　　图3-34 梁华

图3-35 周耀东　　　　　　　　图3-36 韦杏田

图3-37 韦春向

均衡式色彩单独图案作品见图3-38~图3-49。

图3-38 对称式/蔡大伟

图3-39 均衡式/蔡大伟

图3-40 均衡式/黄运隆

图3-41 均衡式/李君

图3-42 对称式/郭显奔

图3-43 对称式/韦明星

图3-44 均衡式/蓝鲜锋

图3-45 均衡式/黄青青

图3-46 均衡式/梁露彬

图3-47 均衡式/黄兰燕

图3-48 均衡式/赖金秀　　　　图3-49 均衡式/黄芳

（2）适合式

适合图案是将形体限制在一定的外形轮廓内，整体造型呈现出适合特定轮廓的装饰图案。它常常独立应用于各行业的工艺美术装饰上，在室内设计中常用于吊顶、墙面、地毯等部位的装饰图案设计。适合图案的组织方法是将一个或多个的形体自然地、完整地纳入一个制定好规格的外形轮廓，使形体的整体轮廓与外轮廓巧妙地结合。适合图案的表现可分为形体适合、角隅适合、边缘适合（图3-50～图3-54）。

图3-52 适合图案在地毯中的装饰表现

图3-50 适合图案在吊顶中的装饰表现

图3-53 适合图案在陈设品中的装饰表现（一）

图3-51 适合图案在工艺品中的装饰表现

图3-54 适合图案在陈设品中的装饰表现（二）

① **形体适合**

形体适合是适合图案中最基本的一种。各个图案组织在一起后具备有一定的外轮廓，这个外轮廓就称为形体，这种形体受到装饰物外形或者制定好的外形制约，也就是图案的造型、变化和布局要根据外形做设计。

形体适合的外形可大致分为自然形体和几何形体两大类。几何形体如三角形、圆形、正方形、六边形、多边形等。自然形体指大自然或生活中已经被约定俗成的形体，如梅花形、枫叶形、银杏叶行、葫芦形、树叶形等。形体适合从内部布局上可分为对称式和均衡式两种形式，组织的方式有直立式、辐射式（向心式、离心式、结合式）、均衡式、旋转式、综合式等多种形式（图3-55～图3-94）。

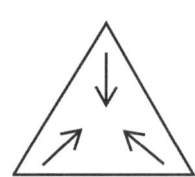

图3-56　形体适合结构骨架/邓明月

图3-57　形体适合结构骨架/何东谜

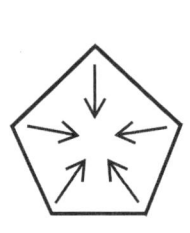

图3-58　形体适合结构骨架/朱小芬

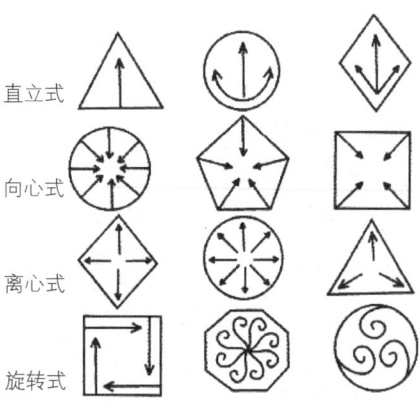

图3-55　形体适合结构骨架

图3-59　形体适合结构骨架/韦鼎新

3-60 陆绍将

3-63 江显校

3-61 黄春梅

3-64 庾美鲜

3-62 黎烽

3-65 曾超金

3-66 周林枫　　　　　3-67 吴兰良

3-68 零秋洁　　　　　3-69 滕 云

3-70 何 冰　　　　　3-71 谭雁羽

3-72 刘 晴　　3-73 陆慧慧　　3-74 梁 伟

3-75 李 娓　　3-76 严光浩

3-77 廖远芳　　3-78 文芳茹

3-79 罗艺

3-80 石蕊

3-81 廖远芳

3-82 罗茜月

3-83 廖康

3-84 王明敏

3-85 苏建林

3-86 潘才荣

3-87 学生作品

3-88 陈新新

3-89 梁露彬

3-90 刘宇

3-91 学生作品

3-92 廖远芳

3-93 零秋洁

3-94 学生作品

②角隅适合

角隅适合是指图案的形体适合于一定的角形,组织形式有对称式和均衡式。设计中用于装饰外形的转角处的图案,因此也叫角隅图案或角花。室内设计中角隅图案的应用可大可小、可直可曲,须根据装饰部位的轮廓特点去设计出自然适合的图案。它可以单独使用,也可以和边缘图案配合使用,得出符合装饰物性格特征、整体感强的装饰图案(图3-95~图3-107)。

均衡式　　　　　　　对称式

图3-95　角隅适合结构骨架

图3-96　角隅适合图案在电视背景墙中的装饰表现

图3-99　均衡式角隅适合图案／沈桂香

图3-97　角隅适合图案在沙发背景墙中的装饰表现

图3-100　对称式角隅适合图案／罗艳菊

图3-98　角隅适合图案在地面的装饰表现

图3-101　均衡式角隅适合图案／韦杏田

室内装饰图案

图3-102 对称式角隅适合图案 / 陶丽萍

图3-103 对称式角隅适合图案 / 零秋洁

图3-104 对称式角隅适合图案 / 陶丽萍

图3-105 对称式角隅适合图案 / 零秋洁

图3-106 均衡式角隅适合图案 / 黄运隆

图3-107 对称式角隅适合图案 / 学生作品

③边缘适合

边缘适合是围绕形体的周边而设计，受到形体的边框制约的装饰图形。它受外轮廓所制约，只对形体的边缘做设计。边缘适合图案与二方连续有一定的区别，二方连续不会受到外形的制约，可以向两个方向无限延伸。边缘适合图案多用于室内设计的软装陈设品中，起到美观、装饰的效果（图3-108~图3-112）。

图3-108　边缘适合图案在陈设品中的装饰

图3-109　边缘适合结构骨架

图3-110　边缘适合图案／黄彦鑫

图3-111　边缘适合图案／黄彦鑫

图3-112　边缘适合图案／韦燕燕

3.1.2 连续型构图

（1）二方连续

二方连续图案是将单位图案按照一定的组织形式，有规律、有秩序地向上向下或向左向右两个方向循环连续地延展而形成的图案。出现的形式有条状的、带状的，所以也称为带状图案。由于其拥有丰富多变的效果，节奏感强，所以被广泛应用于室内装饰设计中，如地脚线、楼梯栏杆等部位的装饰图案均为二方连续。它的骨骼形式极其丰富，通常见到的有散点式、波浪式、折线式等形式（图3-113～图3-136）。

图3-113　二方连续图案在栏杆中的装饰

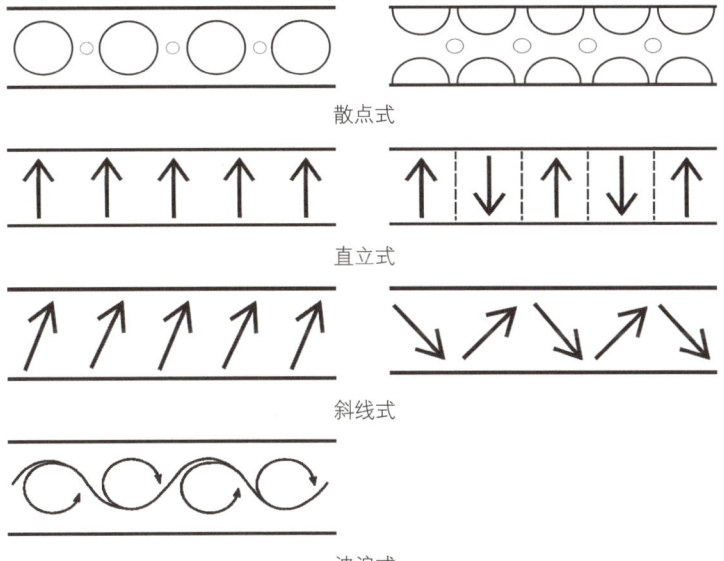

图3-114　散点式二方连续图案/黎　烽

图3-115　散点式二方连续图案 / 李楚玲

图3-116　散点式二方连续图案 / 郭显奔

图3-117　直立式二方连续图案 / 宁理杨

图3-118　直立式二方连续图案 / 黄兰燕

图3-119　斜线式二方连续图案 / 刘　晴

图3-120 斜线式二方连续图案 / 邓明月

图3-121 斜线式二方连续图案 / 黄 芳

图3-122 波浪式二方连续图案 / 李丽霞

图3-123 散点式二方连续图案 / 韦鼎新

图3-124 散点式二方连续图案 / 潘才荣

图3-125 斜线式二方连续图案 / 陶丽萍

图3-126 直立式二方连续图案 / 学生作品

图3-127 直立式二方连续图案 / 覃日琴

图3-128 直立式二方连续图案 / 零秋洁

图3-129 直立式二方连续图案 / 刘宇

图3-130 直立式二方连续图案 / 黎烽

图3-131 波浪式二方连续图案 / 黄兰燕

图3-132 直立式二方连续图案 / 黄威焱

图3-133 散点式二方连续图案 / 学生作品

图3-134 散点式二方连续图案 / 学生作品

图3-135 直立式二方连续图案 / 学生作品

图3-136 直立式二方连续图案 / 学生作品

（2）四方连续图案

四方连续图案是由一个单位图案向上下左右四个方向按照制定好的骨骼形式作有规律、重复循环而形成的装饰图案，一个单位图案可以由一个或多个造型、方向、大小、颜色等各不相同的相对比较完整的图案组成。各个单位图案之间的相互联系和呼应要灵活生动而又不失整体美感。设计时要注意单位纹样之间连接后不能出现太大的空隙，以免影响大面积连续延伸的装饰效果。四方连续图案的应用非常广泛，如室内家装的墙纸、地砖、布艺织物类等。四方连续图案的组织形式可分为散点式、连缀式、重叠式等（图3-137~图3-148）。

图3-139　四方连续图案在墙面中的装饰（二）

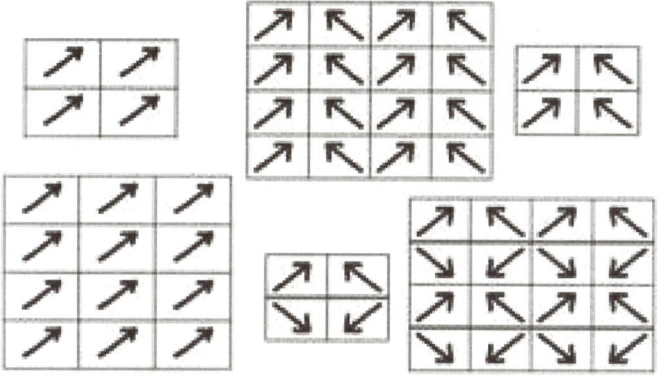

图3-137　四方连续结构骨架

图3-140　四方连续图案／郭显奔

图3-141　四方连续图案／宁理杨

图3-138　四方连续图案在墙面中的装饰（一）

图3-142　四方连续图案／李秀娟

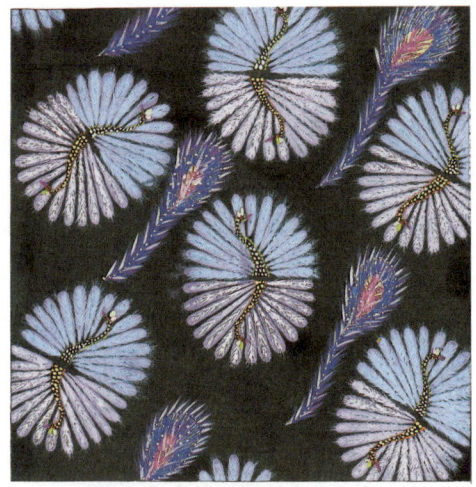
图3-143　四方连续图案／学生作品

图3-146　四方连续图案／学生作品

图3-144　四方连续图案／郭显奔

图3-147　四方连续图案／黄　芳

图3-145　四方连续图案／黎　烽

图3-148　四方连续图案／黄兰燕

3.1.3 综合型构图

综合形图案构成形式是将单独图案、适合图案、连续图案等构成形式综合在一起,形成丰富美观的纹样构成形式。此形式造型多样,统一中有变化,布局严谨而生动,层次感强,色彩丰富,在设计中具有极强的表现力,常应用于室内空间的地毯设计、布艺设计等各种装饰图案设计表现形式(图3-149~图3-159)。

图3-151 综合图案地毯设计 / 廖远芳

图3-149 综合图案在地面中的装饰

图3-152 综合图案地毯设计 / 文张园

图3-150 综合图案在地面中的装饰

图3-153 综合图案地毯设计 / 李连英

室内装饰图案

图3-154 综合图案设计／学生作品

图3-157 综合图案设计／吴 岳

图3-155 综合图案设计／柳东源

图3-158 综合图案设计／莫晶

图3-156 综合图案设计／莫晶

图3-159 综合图案设计／江文轩

3.2 装饰图案的表现方法

装饰图案色彩的应用在室内设计中首要遵循的要求就是以人为本,分析出不同目标客户的生活喜好、欣赏品位、消费习惯、空间的使用目的等来确定整体色调,从而形成不同的色彩氛围并指导色彩的组合配置,以此来满足人们对它的使用功能和视觉感受的要求。工作忙碌的人适合简约明快、干净利落的黑白灰大色块搭配的装饰图案(如图3-160);单身公寓在图案色彩的装饰上应该多采用高明度低彩度的邻近色和类似色在视觉上扩大面积,产生悠闲、独立之感;个性张扬的人适合色彩反差大、色调对比强烈的装饰图案;怀旧的人适合朴素柔和的感觉,适合咖啡色系的搭配、看似古旧的家具和陈设,如图3-161所示为欧式的装饰设计,装饰图案的色彩沉稳大气;热爱自然的人适合于高明度、低纯度弱对比的色彩以及自然图案和色彩,如图3-162所示为乡村田园风格

图3-160　现代简约几何图案色调表现素雅简洁

图3-161　欧式图案色调柔和、低调

图3-162　田园风格图案色调清新自然

装饰设计，营造出自然清新、轻柔温馨的色调。

每个民族都有特定的文化积累和审美共识，我们在进行图案设计时，不仅应该仔细考虑到这些因素，还应该根据室内设计风格进行想象和创新，尝试选择用不同色彩表达方式表达自己的创作意图。

3.2.1　装饰图案的黑白灰表现方法

在装饰图案设计中，可运用点、线、面元素表现出画面的黑白灰关系。根据点线面的数量多与少，黑白的面积大小和比例将产生不同的对比关系，从而产生不同的视觉效果和审美情感。当点和线以不同数量的疏密、聚散形式组合时，它相对于大面积的块面来说就成了灰色调。室内设计装饰图案中，图案的黑、白、灰，点、线疏密，块面大小等关系对比的强烈程度都应当视整体设计风格和图案创作意图及饰物的固有色深浅而定（如图3-163~图3-166）。

图3-164　室内地面装饰中以线为主的图案设计及应用

图3-165　室内地面装饰中以面为主的图案设计及应用

图3-163　室内地面装饰中以点为主的图案设计及应用

图3-166　室内地面装饰中点、线、面综合表现的图

(1) 以点为主的图案设计

以点为主的图案设计，适用于室内地面装饰表现（图3-167a、b、c）。

（a）赖雪梅　　　　　　　　（b）朱小芳　　　　　　　　（c）卢伟东

图3-167

(2) 以线为主的图案设计

以线为主的图案设计，适用于室内墙面装饰表现（图3-168a、b、c）。

（a）涂玮　　　　　　　　（b）李水凤　　　　　　　　（c）刘科

图3-168

(3) 以面为主的图案设计

以面为主的图案设计，适用于室内陈设品装饰表现（图3-169a、b、c）。

（a）赖雪梅　　　　　　　　（b）李君　　　　　　　　（c）黄运隆

图3-169

（4）点、线、面综合的图案设计

点、线、面综合的图案设计，适用于室内地面装饰表现（图3-170a、b、c）。

  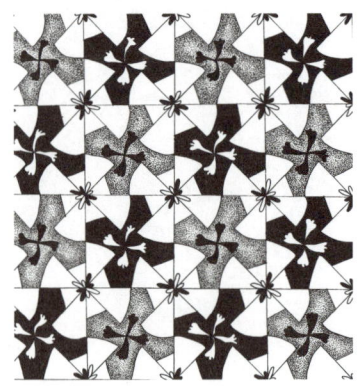

（a）李君　　　　　　　　　　（b）白瑜　　　　　　　　　　（c）黄兰燕

图3-170

①以明亮色调为主、白强黑弱的白色高调，呈现高贵、飘逸、扩张、纯洁的视觉效果（图3-171）。

②以暗色为主、黑强白弱的黑色低调，呈现庄严、力量、收缩、深沉的视觉效果（图3-172）。

③以灰层次为主，白与灰疏密、聚散排列，其视觉效果：呈现平缓、柔和、中庸、朴素之感（图3-173）。

图3-171　背景墙中白色高调的装饰图案表现　　　图3-172　背景墙中黑色低调的装饰图案表现　　　图3-173　地毯中灰色中调的装饰图案表现

④黑白两调各半呈现出强烈对比色调的视觉效果，响亮、清晰、刺激（图3-174、图3-175）。各种色调的装饰图案如图3-176～图3-179。

图3-174　地面黑白强对比的装饰图案表现

图3-175　墙面黑白强对比的装饰图案表现

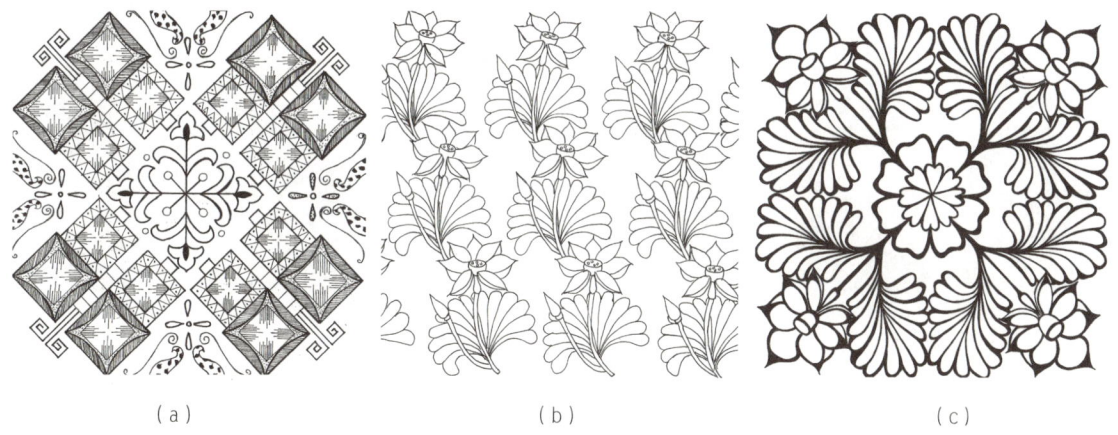

（a）　　　　　　　　　　　　（b）　　　　　　　　　　　　（c）

图3-176　白色高调的装饰图案（图3-176a、b、c）/学生作品

（a）学生作品

（b）覃日琴

（c）韦春向

图3-177　黑色低调的装饰图案

 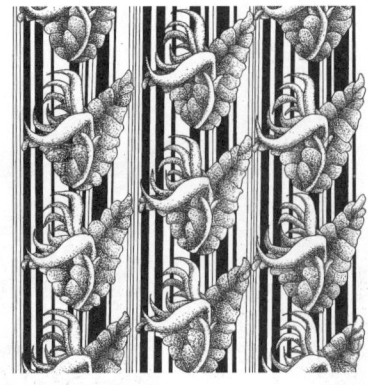 

（a）黄芳　　　　　　　　　　（b）学生作品　　　　　　　　　（c）宁理杨

图3-178　中灰色中调的装饰图案

（a）赖雪梅　　　　　　　　　（b）朱小芳　　　　　　　　　　（c）黄运隆

图3-179　黑白强对比的装饰图案

3.2.2　装饰图案的色彩表现

装饰图案的色彩色调表现与图案色彩及绘画色彩表现有一定区别，绘画色彩强调真实的造型和空间关系，图案色彩则需要简化、归纳、概括和强调主观性色彩、装饰性色彩、创意性色彩等关系。设计中，图案的色彩设置可根据色调关系进行配色表现，以便达到合理、美观的要求。

（1）色相搭配

①同类色搭配

同类色——指色相类同的色，如草绿、浅绿、翠绿、墨绿等。同类色因其色性变化不大，色彩相配后容易形成明显的统一调子，其对比效果由明度和纯度决定，一般情况下这类色彩组合容易形成温和、稳定、协调、统一等色彩特征（图3-180～图3-184）。

图3-180 同类色色调图案／陆慧慧

图3-181 同类色色调图案／黄朝阳

图3-182 同类色色调图案／学生作品

图3-183 同类色色调图案／何建新

图3-184 同类色色调图案／学生作品

②邻近色搭配

邻近色位于色相环45°~90°，是色相与色相的邻近关系（如红与橙、橙与黄、黄与绿、绿与蓝、蓝与紫、紫与红等）。邻近色组合，属于中对比范畴，比之同种色相配，其性格特征略显加强，有明朗、清晰的色性（图3-185～图3-193）。

图3-185 邻近色色调图案 / 梁华

图3-186 邻近色色调图案 / 黄洁艺

图3-187 邻近色色调图案 / 黄艺敏

图3-188 邻近色色调图案 / 黄芳

图3-189 邻近色色调图案 / 吴岳

图3-190 邻近色色调图案 / 黄兰燕

图3-191 邻近色色调图案 / 沈桂香

图3-192 邻近色色调图案 / 韦燕燕

图3-193 邻近色色调图案 / 学生作品

(2) 对比色搭配

对比色位于色相环中120°左右，如红与黄绿、红与蓝绿、黄与蓝紫等。对比色组合，因色性差距大，具有强烈、刺激、活泼、明快之感，配色中宜用提高或降低明度与纯度的方法来协调画面，才能使画面色彩得到协调和统一的美感。少数民族图案中惯用黑白灰作底衬，同样给画面带来调和的效果（图3-194～图3-201）。

3 装饰图案设计的构成形式与表现方法 | 113

图3-194 对比色色调图案／黄静

图3-195 对比色色调图案／学生作品

图3-196 对比色色调图案

图3-197 对比色色调图案 / 谢燕施

图3-198 对比色色调图案 / 黎 烽

图3-199 对比色色调图案 / 黄 芳

图3-200 对比色色调图案 / 黄运隆

图3-201 对比色色调图案 / 学生作品

（3）互补色搭配

互补色彩属于极端之色，是色相配置中对比最强烈、最具视觉冲击力的色彩组合关系。处理不好时往往出现生硬、冲突感。所以运用互补色搭配时，应当慎重处理明暗度、纯度和面积的协调性变化，必须建立主导色来控制从属的其他颜色，而且两色面积不能相近，要以多衬少，构成"万绿丛中一点红"，这样才能获得清晰、亮丽的效果（图3-202～图3-208）。

图3-202　互补色色调图案／蒙夏婷

图3-203　互补色色调图案／潘振丽　　　　　　图3-204　互补色色调图案／黄兰燕

图3-205　互补色色调图案 / 陈新新

图3-206　互补色色调图案 / 莫晶

图3-207　互补色色调图案 / 罗有健

图3-208　互补色色调图案 / 韦明星

（4）明度搭配

明度配色中，首先要懂得明度变化规律，即明度差。通常我们把明度分为9个级差，1~3级为低明度，4~6级为中明度，7~9级为高明度。对比相差在3级以内属于弱对比，其效果含蓄、神秘、统一、协调。相差4~6级为中对比，效果明朗、丰富、安定、饱和。相差7级以上为强对比，其特点为响亮、清晰、跳跃、活泼（图3-209~图3-216）。

  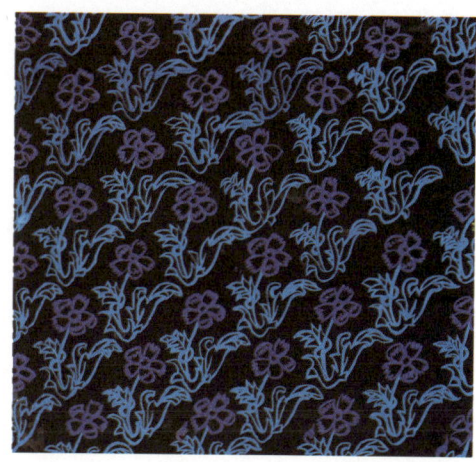

图3-209 低明度色调图案 / 黄朝阳

图3-210 中低明度色调图案 / 刘 宇

图3-211 中明度色调图案 / 李丽霞

图3-212　中明度色调图案 / 梁华

图3-213　中明度色调图案 / 学生作品　　　　图3-214　中明度色调图案 / 学生作品

图3-215　高明度色调图案 / 黄运隆

图3-216 高明度色调图案 / 吴 岳

（5）纯度搭配

纯度配色指色彩鲜与浊的搭配。纯度分高中低级差，同样也有强中弱对比。鲜纯色与灰浊色对比属于强对比；较纯与较灰的色或者中纯度色与浊色的对比皆为中对比；微弱的纯度差互配称为弱对比。各种对比当中，效果不尽相同，有的艳丽华贵，有的消极模糊，也有的充实明朗，配色时要注意加以分析研究（图3-217～图3-220）。

图3-217 纯度强对比色调图案 / 刘 科

图3-218 纯度中对比色调图案 / 黄洁艺

图3-219 纯度中对比色调图案 / 李 萍　　　　　　图3-220 纯度弱对比色调图案 / 韩 雪

3.2.3　图案的绘制

（1）图案绘制的材料与工具

①笔类

常用于图案绘制的笔类除了铅笔、水性笔之外，还有底纹笔、小白云、中羽箭、小羽箭、叶筋、依纹、小红毛、鸭嘴笔等。每种笔有各自的特性，适用性也有所不同，以下分别介绍（图3-221）。

a.铅笔：铅笔用于图案写生和绘画草稿。

b.水性笔：水性笔用于图案写生和图案的黑白表现。

c.中羽箭、小羽箭、叶筋、依纹：这些笔笔身较长，有一定的弹性，都适于画小面积的块面。

d.小红毛：小红毛笔头尖长，适用于画小面积的块面，最适于勾勒细线。

e.小白云：小白云笔身饱满，吸水性较强，便于画较大的色彩块面。

f.鸭嘴笔：出色均匀，所绘制的线条粗细一致，适用于画机械的直线，结合圆规可画细圆圈。使用时将偏稀的颜料刮入鸭嘴笔嘴中，调整到适当的粗细度，然后结合尺子或圆规来画直线或圆。

g.底纹笔：用羊毫制成，柔软且含水分较多，便于刷大面积的底色，能涂得很均匀。

②纸张

常用纸张有素描纸、水彩纸、铜版纸、卡纸、绘图纸、拷贝纸等，每种纸质的绘画效果也各自不同：

a.素描纸、水彩纸：素描纸吸水性好，易上色，纸质较为粗糙，特别是水彩纸，画出的图案会有肌理效果。

b.铜版纸和卡纸：纸质平滑，适合绘画色彩图案，但第一遍颜色不容易上匀。

c.绘图纸：纸质较为平滑，可用于画黑白图案，但其纸较薄，容易变形。

图3-221　绘制图案的各类笔

d.拷贝纸：用于准确无误地将完整的图案转移到正稿上。草图完善后，用拷贝纸能干净利落地将图案拷贝到任何需要的地方。

③尺子

有直尺、三角板、圆规等，用于画机械的线条和勾外框（图3-222）。

④颜料及其他工具

颜料及其他工具包括水粉颜料、花瓣形调色盒、小水桶、美工刀等（图3-223）。

图3-222　绘制图案的各类尺子

图3-223　颜料及其他工具

3.2.4 图案绘制技法

（1）图案着色步骤

图案在色彩上的表现与其他艺术一样，要突出主体。图案色彩表现用次要的颜色来衬托主体，寻求黑、白、灰三个以上的层次处理，以体现图案概念上的空间层次，表现画面的厚实和丰富的层次感。图案的色彩层次，要处理好底和图案的明度关系。除此之外，图案的着色有其规律性的步骤，一般有两种着色方法：平涂底色着色法和直接着色法。

①平涂底色着色法

先将底色完全平涂在整体画面范围内，然后由空间的内部颜色渐渐往外画。其特点是一层层由里往外画，步骤明确，着色均匀，适用于底色面积大而图案碎小画面（图3-224）。

平涂法具体步骤如下：

a.绘制草图：在草稿纸上构图，设计图案，确定结构与造型设计，绘制线稿并修改到最佳效果，等待拷贝（图3-224a）。

b.平涂底色：用干湿适中稍偏稀的底色横向刷一遍，再竖向刷一遍，便可均匀涂好底色。用笔时不能无序地乱涂抹，颜色也不宜过干（吸水越强的纸用颜料越稀，例如水粉纸吸水性就很强）（图3-224b）。

c.图案拷贝：将整理好的草图用拷贝纸拷贝到已干的底色上。拷贝时，在背面涂铅笔粉，用较硬的铅笔拓印拷贝在涂好的底色上（图3-224c）。

d.套色着色：原则是由主到次，一般由后到前，由深色到浅色（图3-224d）。

e.调整完成：注意色彩的呼应、点睛，运用勾线或撕丝法进行画面效果调整，最终达到理想效果（图3-224e）。

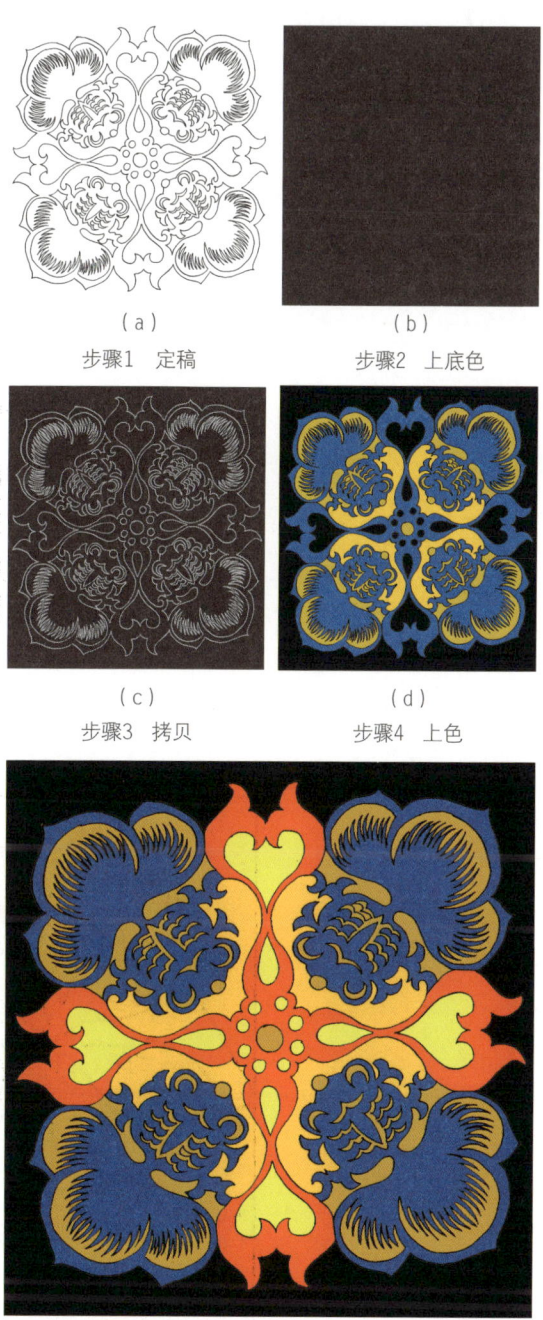

（a）　　　　　　（b）
步骤1　定稿　　步骤2　上底色

（c）　　　　　　（d）
步骤3　拷贝　　步骤4　上色

（e）
步骤5　完成

图3-224　平涂法步骤

② **直接着色法**

直接着色法特点是适合表现块面较大的图案和底色较完整的图案，其效果较大气，也省去了底色等干的时间。直接着色法具体步骤如下（图3-225）：

a.绘制草图。在草稿纸上构图，并修改到最佳效果，等待拷贝（图3-225a）。

b.图案拷贝。将整理好的图案先拷贝到拷贝纸上，再通过用力拓印或在拷贝纸的背面涂上铅粉，拷贝到卷面上（图3-225b）。

c.套色着色。先从背景底色开始画，层层往上画，由主到次，由深色到浅色着色（图3-225c）。

d.调整。最后用相应的颜色填飞白，注意色彩的呼应和勾线等（图3-225d、e）。

（2）**图案表现技法**

图案设计最终需要技法来体现，掌握多种表现技法，才能使设计风格丰富化、多样化。技法的突破也是图案创新的重要途径之一。技法的表现应该多种多样，以下介绍几种常用的技法：

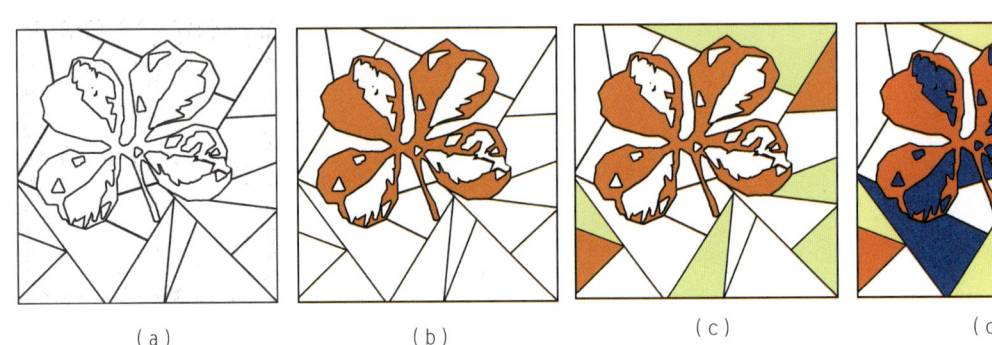

（a） （b） （c） （d）

（e）

图3-225　直接着色法步骤

①**平涂法**

平涂法指用饱和度适中的色彩均匀平涂色块,具有较好的覆盖能力,色度也会较为明快。这是较易上手的着色技法(图3-226~图3-228)。

图3-226 平涂法(一)

图3-227 平涂法(二)

图3-228 平涂法(三)

②**推移法**

此法是利用色彩的不同纯度、明度的渐变推移来实现的，层次变化明显、丰富，是现代图形设计中常见的手法（图3-229～图3-231）。

图3-229　推移法（一）

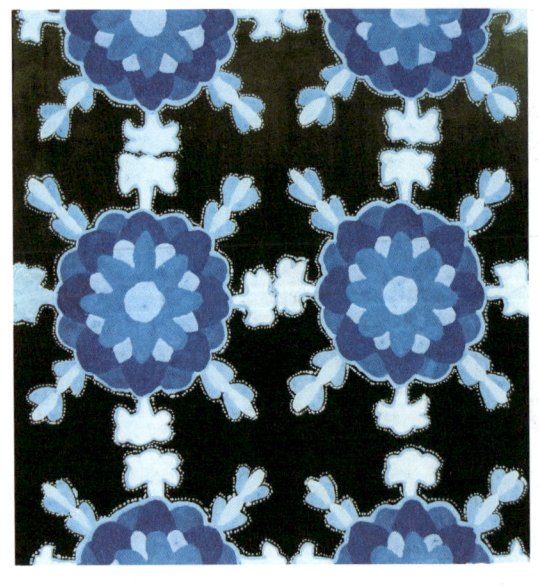

图3-230　推移法（二）

图3-231　推移法（三）

③撇丝法

按物象的形态结构和动势来安排工整、有规律的线条，干皴出结构、明暗和质感（图3-232～图3-233）。

图2-232　撇丝法（一）

图3-233　撇丝法（二）

④勾线法

这是一种较为传统的画法，有着很丰富的层次变化，由于线条的相互穿插，装饰性得到进一步的加强，观赏性更高，并使各种色彩之间的对比更加明快。勾线法一般分为先勾线后填色和先填色后勾线两种，其效果是各不相同的：前者线条粗细变化不均，生动自然；后者线条流畅工整。各有其欣赏特点（图3-234～图3-236）。

图3-234　勾线法（一）

图3-235 勾线法（二）

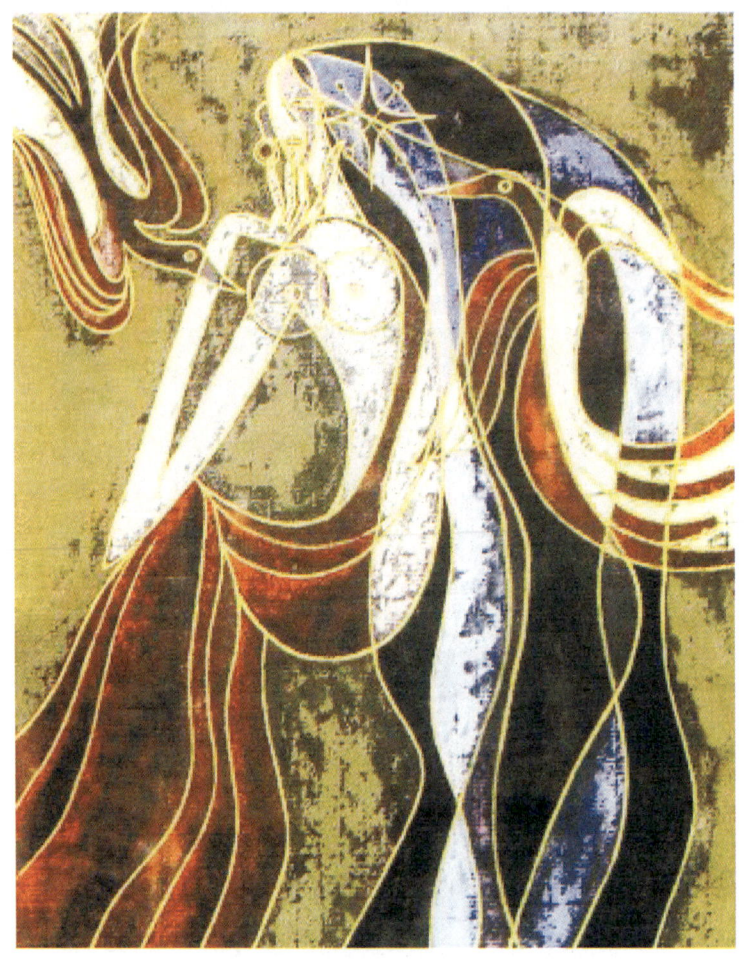

图2-236 勾线法（三）

⑤**点画法**

此种方法是以点的运用为主，用点的疏密点缀于画面中，使得图案结构层次虚实相生，可产生远近晕变的特殊变化效果，点的大小尽量均匀，否则整体效果会受到影响（图3-237、图3-238）。

图3-237　点画法（一）

图3-238　点画法（二）

⑥**彩铅法**

彩铅法是用彩色铅笔直接描绘的方法。用这种方法表现可以得到一种特殊的像水彩的肌理效果。画面处理时要注意：因笔芯较细，填涂较大的面积非常费劲、费时，着色时只能一点点、一笔笔地刷，笔与笔之间多少留有飞白痕迹，这样才能形成彩铅画的特点。水性彩铅可以溶于水，但用水晕染不能过多，否则会失去彩铅的特色。彩铅适宜于小幅图案表现，画面形象色块也宜用小块组合。彩铅因线条较细，处理色块应注意避免"花"、"乱"的现象（图3-239～图3-241）。

图3-239 彩铅法（一）

图3-240 彩铅法（二）

图3-241 彩铅法（三）

室内装饰图案应用与赏析

4.1 装饰图案设计的风格定位

4.2 室内设计装饰图案赏析

本章内容：

室内装饰图案的分析与欣赏。

相关知识：

① 几种典型室内设计风格装饰图案分析。

② 室内各界面装饰图案赏析。

训练目的：

学习了解中式、欧式、东南亚风格、地中海风格以及田园风格室内设计图案的具体应用方法，结合各个室内设计界面分析、欣赏实际装饰图案的应用实例。

训练要求：

① 熟悉了解几种常见室内设计风格图案构成和使用特点。

② 学会分析欣赏室内不同界面装饰图案的应用技巧，提高自身对于图案的欣赏能力。

③ 掌握几种常见室内设计风格图案的应用方法。

训练时间：

10课时+课余时间。

相关作业：

选定两种室内设计风格，限定图案设计应用所在界面，结合该风格特点和界面实际所处环境，设计两套室内装饰图案，并应用到设计效果图中，参考具有风格特征的室内设计案例，完成装饰图案设计。

4.1 装饰图案设计的风格定位

世界上每个国家、每个民族都有着自己独具特色的室内设计装饰风格，并且有着各自的优点与特点。在室内空间的设计中我们既要传承和发展自己本民族的装饰图案，同时也要多向国外学习和借鉴其他民族的装饰图案，结合室内设计中先进的装饰理念和技术，与时俱进注重发展与创新，以此来丰富装饰图案设计，灵活地将装饰图案的设计主题及图案寓意与室内设计风格相结合，通过装饰图案在室内设计中的应用与表现形式，使设计风格与主题更明确。

（1）中式设计风格装饰图案项目应用分析

项目名称： 苏州太湖天成别墅B户型

设计单位/设计师： 韩松

项目地点： 苏州太湖度假区，地块南侧直面太湖。

风格介绍： 中式意境不但要有环境供养，更需要精神文化的濡染。本案在功能布局和图案使用上都遵循了纯中式风格设计的初衷原则，将文化气息融入整个空间规划中。例如会客厅的青花瓷器摆件、背景雀鸟相会的工笔中式画作，餐厅吊顶的中式方形适合纹样排列成的阵列都极具气势，这些都体现了设计师对于中式风格的独到理解，以及对中式风格装饰图案的灵活运用。

本案客厅四面通透，有枝头光影动、闲静透窗来的意境。肌理感强烈的地板颜色跟家具搭配相互呼应，儒雅内敛不失大气。卧室格调温馨。床头挂设一幅极具象征意义的山水画，不但延伸了书法的意境，也起到了良好的图案装饰作用。

传统中式的室内设计中应用的装饰图案较为繁杂，多数直接以传统图案造型作为设计元素进行表现。题材主要表现为植物、动物、人物等，造型生动、寓意深刻，设计表现古色古香，具有浓郁的古典气息，表现了深厚的中国传统文化。

在现代的中式图案设计中，设计元素应用简化和提炼的手法对中国传统图案进行表现，多以几何形为主。设计表现主题明确，元素搭配可多元化，色彩搭配灵活多变，既表现出中国传统文化元素，又体现了现代简约时尚的设计理念。

①抱枕以中式翻浪纹样的适合纹样为饰面。翻浪纹最早出现在新石器时代早期，浙江余姚河姆渡文化陶器就已出现刻划翻浪纹样，常作为辅助纹样以重复形式出现，体现出画面层次感，严谨而不失灵动，图案构成感强（图4-1～图4-3）。

图4-2

图4-3

图4-1

图4-1～图4-3　主卧翻浪纹图案应用／重复纹样

②天花的镂空装饰，设计来源于中式回纹以及云纹的变形纹样，图案的结构形式为适合纹样的重复构图，虽然经过设计变形，但是依然保留了回纹"回而不断"以及云纹飘逸洒脱的设计精髓。大面积镂空天花的使用给人以规整、沉稳但又精巧古典的审美感受（图4-4～图4-6）。

图4-5

图4-6

图4-4

图4-4～图4-6　餐厅重复结构图案应用／连续纹样

③阳台针织品覆以牡丹纹样包裹。牡丹纹样是中国传统纹样中象征富贵吉祥、繁荣昌盛的常见纹样，织物纹样以四方连续形式铺展开来，加之牡丹纹样本身层次丰富，画面主次分明，构图均衡的同时各单独纹样与枝藤条纹相互联系，画面整体感突出（图4-7~图4-9）。

图4-7　　　　　　　　　　　　　　　　　　　图4-8

　　　　　　　　　　　　　　　　　　　　　　图4-9

图4-7~图4-9　阳台牡丹图案应用 / 连续纹样

④ 主卧室的中式背景墙以仿山水画的花卉纹样覆盖，点墨晕染形式的写意画法构成单独纹样，结合节奏与比例的形式美法则，组合成四方连续纹样，古朴淡雅的色调营造出内敛、质朴的传统中式韵味（图4-10~图4-12）。

图4-10　　　　　　　图4-11　　　　　　图4-12

图4-10~图4-12　主卧花卉图案应用 / 连续纹样

（2）东南亚设计风格分析

项目名称：武汉金地格林春岸——泽园别墅B户型

设计单位/设计师：北京睦晨风合艺术设计中心

风格介绍：东南亚风格是一个结合东南亚民

族岛屿特色及精致文化品位的独特设计风格。部分运用居住与休闲相结合的设计理念，广泛地运用木材和其他的天然原材料，如藤条、竹子、石材、青铜和黄铜，深木色的家具，局部采用一些金色的壁纸、丝绸质感的布料。灯光的变化体现了稳重及豪华感。

由于东南亚地区普遍信仰宗教，中南半岛以佛教为主，马来半岛及马来群岛以伊斯兰教为主，菲律宾信仰天主教，装饰画中时常涉及宗教图样，结构独特的几何纹样也蕴含着饱满的东南亚审美感觉。与此同时，大象等东南亚常见动物纹样也在织物中应用广泛。丰富的热带植物藤蔓和花卉纹样在地毯等地面装饰物上的图案化应用也是东南亚风格标识度很高的装饰手法之一。

①藤蔓与花卉分别构成角隅和圆形适合纹样，综合构成了地毯的连续组合纹样。角隅纹样经典的对称结构与地毯中间的圆形适合纹样起到了稳定画面的作用，画面蓝底金色，色彩艳丽，层次分明，富丽堂皇，立体感强（图4-13～图4-21）。

图4-13

图4-14

图4-15

图4-16

4　室内装饰图案应用与赏析

图4-17

图4-18

图4-19

图4-20

图4-21

图4-13～图4-21　客厅地毯植物图案应用／连续和适合纹样

②厨房主墙面的方形适合纹样重复排列，大面积的图案化设计，突出了项目的地域风格特点。空间边角的二方连续纹样是南亚地区信奉的佛教图腾，经过变形和一定的适合化设计起到了很好的点缀作用（图4-22~图4-28）。

图4-22

图4-23

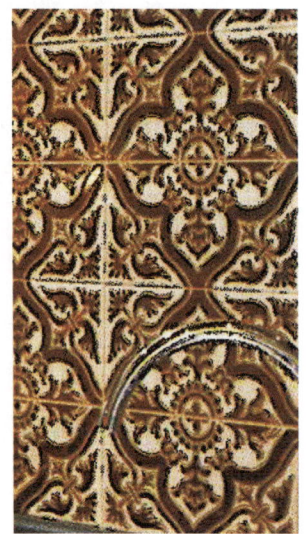

图4-24

图4-26

图4-27

图4-25

图4-28

图4-22~图4-28 厨房图案应用／连续和适合纹样

③东南亚是佛教文化的发源地,对于佛学文化的信仰也很自然地渗透在设计之中。佛文化中佛像常以单独的构图形式出现,以辅助东南亚元素的云纹,衬托出了浓郁的异域风格,佛像图案的均衡式构图,显示出一定的动感。同时植物纹样构建的方圆组合型适合纹样也是风格特色的体现(图4-29~图4-33)。

图4-29

图4-30　　　　　　　　　图4-31

图4-32　　　　　　　　　图4-33

图4-29~图4-33　客厅图案应用／单独和适合纹样

④规则的印尼风格几何纹样、三角纹样首尾结合,通过不同色调和留白,显示出空间的立体形式美感。方阵式的排列组合构成了方形适合纹样的型制,突出了规则的美感和异域的情调(图4-34~图4-36)。

图4-35

图4-34　　　　　　　　　　　　　　图4-36

图4-34～图4-36　过道几何图案应用/连续纹样

⑤热带动植物是东南亚风情的集中体现，动植物图案化的抽象纹样在软装织物上以适合纹样印织，单独纹样结合角隅纹样和谐地收纳到了方形体制中。角隅纹样之间通过适合纹样的延伸结构自然交织，画面整体感突出。抽象的植物图腾纹样以中间的锯齿性圆形图案构成了完整的包围结构，显现出庄严气质和自然的和谐之美（图4-37～图4-40）。

图4-38

图4-37　　　　　　图4-39　　　　　图4-40

图4-37～图4-40　卧室织物图案应用／适合纹样

（3）田园风格中装饰图案的设计应用

项目名称：东方天郡样板间

设计单位/设计师：宇泽设计

项目地点：南京仙林大学城中心区

风格介绍：田园风格的设计理念是对自然的回归，随性、自然、质朴是田园风格的关键词，这其中装饰图案的应用起到了举足轻重的作用。例如英式田园风格让人们充满了对罗曼蒂克生活的向往：慵懒的午后，阳光透过纱窗，拉出长长的影子，落在用碎花、条纹、苏格兰格子图案装饰而成的各种床品、窗帘、沙发套上……所有这些都透出了田园风格独有的魅力。

本案装饰图案主要应用于家具、针织品以及背景墙贴纸等界面。项目中应用的美式田园风格家具，其主要体现在华美的布艺以及纯手工的制作上。布面花色秀丽，多以纷繁的花卉图案为主。精致的碎花、条纹图案是美式田园风格家具永恒的主调，家具上或雕刻或镶嵌的装饰图案都体现了田园风格质朴又精致的特点。

①花卉是自然造物的图案，田园风格中对于花卉图案的使用十分常见。本案中应用盛开的花朵，色彩艳丽，以写实手法印制于抱枕上，图案以单独纹样形式出现，画面主题突出，构图均衡（图4-41~图4-43）。

图4-41

图4-42

图4-43

图4-41~图4-43　客厅织物花卉图案应用／单独纹样

②织物上的植物方形适合纹样,点线面元素丰富,田园气息突出(图4-44~图4-46)。

图4-45

图4-44

图4-46

图4-44~图4-46　卧室花卉图案应用／单独纹样

③地面的装饰边缘用条形瓷砖铺设,构成了二方连续图案形式,配合实木材质的家具,田园气息袭面而来(图4-47~图4-49)。

图4-48

图4-47

图4-49

图4-47~图4-49　瓷砖图案应用／连续纹样

（4）地中海风格装饰图案的设计应用

项目名称：天津中海宁宇花园 2号地B户型样板间

设计单位/设计师：佚名

项目地点：天津

风格介绍：地中海风格是类海洋风格装修的典型代表，因富有浓郁的地中海人文风情和地域特征而得名。地中海风格装修是最富有人文精神和艺术气质的装修风格之一。通过空间设计上连续的拱门、马蹄形窗等来体现空间的通透，用栈桥状露台、开放式房间功能分区体现开放性，表现出地中海装修风格的自由精神内涵；同时，通过开放性和通透性的建筑装饰语言来表达取材天然的材料方案，以此来体现向往自然、感受自然的生活情趣，进而体现地中海风格的自然思想内涵；还通过以海洋的蔚蓝色为基色调的颜色搭配方案，自然光线的巧妙运用，富有流动及梦幻色彩的线条等软装特点来表述地中海风格的浪漫情怀；大量采用宽松、舒适的家具来体现地中海风格装修的休闲体验。因此，自由、自然、浪漫、休闲是地中海风格装修的精髓。

①客厅地毯图案采用曲线的植物藤蔓显示出地中海自由、回归自然的风格特点，蓝底白图的配色也是希腊式地中海风格经典的选色。图案的形式韵律感强烈，仿佛依然生长延续，综合式的图案构图法则很好地诠释了地中海风格极强的包容性（图4-50～图4-52）。

图4-50

图4-51

图4-52

图4-50～图4-52 客厅地毯图案应用 / 适合纹样

②二方连续构图形式的地面瓷砖起到了分隔界面的作用，通过图案的变形和扭曲将原本单独成形的单独纹样首尾相接，图案形制上的变化又与清新淡雅的整体格调相统一（图4-53～图4-58）。

图4-54

图4-53

图4-55

图4-53～图4-55　瓷砖图案应用 / 二方连续纹样

图4-57

图4-56

图4-58

图4-56～图4-58　瓷砖图案应用 / 连续纹样

③地中海风格常见的仙人掌、棕榈树等植物抽象化的适合纹样，作为地面瓷砖衔接处和洗浴间墙面的点缀，展现出风格的精致与亲近自然的淳朴之风（图4-59～图4-68）。

图4-59

图4-60

图4-61

图4-62

图4-63

图4-59～图4-63　地面图案应用／适合纹样

图4-64

图4-65

图4-66

图4-67

图4-68

图4-64～图4-68　墙面图案应用／适合和连续纹样

（5）欧式风格中装饰图案的设计应用

项目名称：天津中海宁宇花园 2号地B户型样板间

设计单位/设计师：穆罕默德·塔希尔（Muhammad Taher）

项目地点：卡塔尔

风格介绍：这座如宫殿般奢华的别墅位于卡塔尔，由建筑师穆罕默德·塔希尔（Muhammad Taher）设计完成。高耸的天花板图案，墙面装饰的饰品图案，大理石柱，悬挂的吊灯图案，豪华程度简直令人叹为观止。置身其中，仿佛步入了艺术的殿堂，每一件家具、每一个细节都是建筑师精心设计的结果。家具、建筑构件以及软装的表面装饰图案都提升了本案浓重的欧式风格气质。

①桌面覆盖的方形适合纹样，是经典的欧式角隅纹样和玫瑰花枝盘结的圆形适合纹样的结合，对称的构图显现出王室的尊贵与庄严，图案条理、精细（图4-69~图4-71）。

图4-69

图4-70

图4-71

图4-69~图4-71　家具饰面图案应用／适合纹样

②客厅衔接楼梯的大厅地面以对称纹样构建，桌椅组合家具巧妙地放置在纹样空白处，图案结构简约，适合作为大面积的装饰图案（图4-72~图4-77）。

图4-73

图4-72

图4-74

图4-72~图4-74　地面图案应用／适合纹样

4 室内装饰图案应用与赏析 147

图4-76

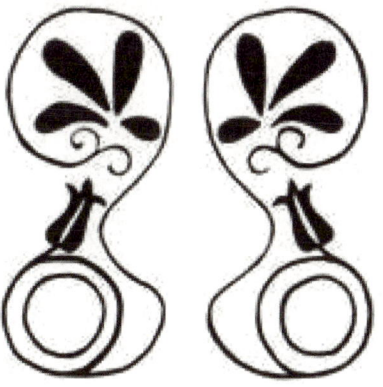

图4-75

图4-77

图4-75～图4-77　地面图案应用／对称纹样

4.2 室内设计装饰图案赏析

室内设计装饰图案是依附于一定的物质材料上的艺术创作，它包含着思想性、艺术性、实用性和一定的科学性，因此会受到工艺材料和生产手段的制约。在室内设计装饰图案的创作中，要求设计人员不仅具备必要的文化意识和审美情趣，还要有综合的造型能力。现代室内设计为了追求室内装饰的个性化、时尚化，表现出各式各样的文化墙、主题墙、造型吊顶，把室内空间装饰得琳琅满目，室内设计的重心自然而然地转移到室内的装饰上，使得装饰图案在室内设计中得到了充分展示，如天花、地面、墙面以及室内软装饰如地毯、壁挂、窗帘及床上织物等都离不开装饰图案。我们在进行室内设计之前，必须了解和掌握装饰图案的构成形式和设计原则，合理利用各种装饰图案的魅力来体现室内的文化内涵，并充分发挥装饰图案在室内空间中的视觉美、触觉美、功能美的作用，真正体现室内装饰的个性化和舒适感。

4.2.1 装饰图案在室内墙面上的应用

室内各立面是装饰图案在设计中的重要表现部分，由于室内空间用途各异，需要选择不同的图案来装饰衬托不同的空间立面，以期最大限度发挥空间的效用。图案在居室空间室内墙面中的表现形式有挂画、挂屏、装饰脚线、墙体彩绘等。文字图案在墙面装饰中多通过挂屏等方式来体现。装饰脚线大多为几何纹样或者是植物纹样；墙体彩绘纹样与现代抽象艺术相结合，变幻出新颖独特的图案形式，是装饰图案与时俱进的变异形式（图4-78～图4-81）。

图4-78 四方连续纹样／对比调和／墙界面／壁纸

图4-79 四方连续纹样／对称均衡／墙界面／壁纸

图4-80 单独纹样／均衡／墙界面

图4-81 单独纹样／木雕图案／墙界面／装饰挂画

4.2.2　装饰图案在室内天花上的应用

在室内空间设计中,天花大面积图案装饰会给人繁琐感,按删繁就简的原则进行有选择的装饰设计,符合人们崇尚舒服、简约、美观、明快的风格。常见的装饰形式是在天花上应用装饰图案的造型灯箱进行点缀,所应用的图案多为百花图案,取意"花团锦簇""花开富贵""吉祥如意""美轮美奂"(图4-82～图4-87)。

图4-85　创意图案／动感／天花界面

图4-82　圆形适合纹样／天花界面／立体天花

图4-86　连续纹样／立体／天花界面

图4-83　综合纹样／天花界面／平涂漆画

图4-84　单独纹样／天花界面

图4-87　单独纹样／天花界面

4.2.3　装饰图案在室内地面上的应用

室内设计中，地面的装饰图案的表现可以给人带来视觉上的新奇感，能营造出特有的设计风格特征。地毯，是室内地面装饰常采用的一种形式，通过地毯上不同的装饰图案可以协调室内的整体风格。不同图案的地毯让居室呈现出风格各异的风格，它往往成为室内的视觉中心。如花团锦簇的地毯样式，必定体现传统的、高贵典雅的风格；几何纹饰的地毯给人以庄重典雅而又不失活泼的感觉，用于光线较强的房间，可以使房间显得宽敞而富有情趣（图4-88~图4-91）。

图4-88　适合纹样／地面装饰

图4-89　适合纹样／对称／地面装饰

图4-90 二方连续纹样／对称／地面装饰

图4-91 适合纹样／对称／地面装饰

4.2.4　装饰图案在室内隔断上的应用

空间中隔断的形式有隔墙、隔断、帷幔、珠帘等，属于半实体的空间界面，主要的作用是根据不同的特点和功能进行空间分割。在隔断中常应用的装饰图案可以选择几何纹样，简单直接，譬如冰裂纹、连线纹、棋格纹等，这与时下推崇的简约主义在创意上不谋而合。装饰图案在隔断上的巧妙应用能很好地表现出设计的创意与主题（图4-92、图4-93）。

图4-92　适合纹样／变化统一／隔断界面

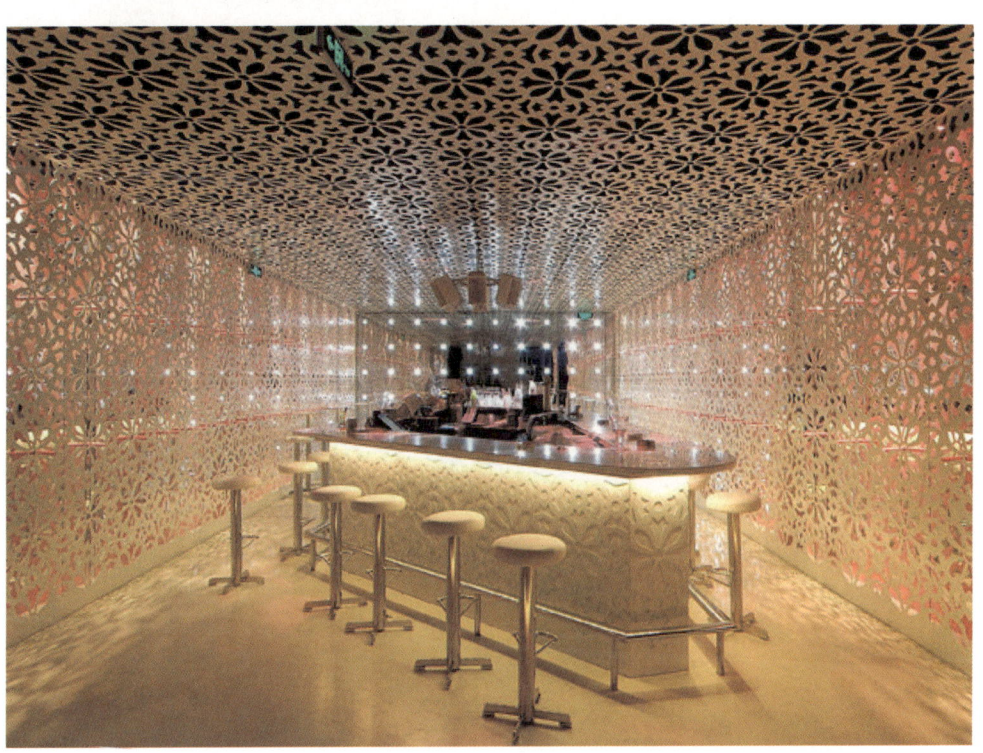

图4-93　四方连续纹样／条理反复／隔断界面

4.2.5　装饰图案在室内家具上的应用

家具的样式可以体现室内设计风格，寓意深刻的图案在家具中的装饰表现，能体现丰富的内容，借用谐音的手法，巧妙地将形式和内容完美结合。花卉图案和文字图案是家具中惯用的经典图案，且具有吉祥寓意。合理恰当地应用装饰图案在家具设计中亦可起到诠释文化内涵的作用（图4-94～图4-96）。

图4-94　四方连续纹样／反复／家具装饰　　　　图4-95　适合纹样／变化统一／家具装饰

（a）　　　　　　　　　　　　　　　　　　　（b）

图4-96　角隅纹样／对称均衡／家具装饰

4.2.6 装饰图案在室内软装陈设上的应用

室内软装饰，是易更换、易变动位置的饰物，如窗帘、沙发套、靠垫、工艺台布及装饰工艺品、装饰铁艺等，对室内的二度陈设与布置起着很重要作用。软装饰中图案的设计与应用可以根据居室空间的大小形状，主人的生活习惯、兴趣爱好和各自的经济情况，从整体上综合策划装饰、装修设计方案，体现出主人的个性品位，而不会"千家"一面。恰如其分的图案表现，可以使室内设计锦上添花，使设计风格呈现出不同的面貌，给人以新鲜的感觉（图4-97～图4-102）。

图4-97　适合纹样／均衡/软装陈设

图4-98　单独纹样／连续纹样／软装陈设

图4-99　单独纹样／连续纹样／软装陈设

图4-100 适合纹样／青花人偶／软装陈设

图4-101 适合纹样／观赏碟／软装陈设

图4-102 边角连续纹样／创意相框／软装陈设

参考文献

[1] 赵茂生. 装饰图案. 杭州：中国美术学院出版社，2011.
[2] 罗鸿. 基础图案设计. 北京：中国纺织出版社，2006.
[3] 寻胜兰. 新民族图形. 北京：中国建筑工业出版社，2009.
[4] 钟玮. 装饰图案设计. 北京：中国传媒大学出版社，2011.
[5] 寻胜兰,彭琬玲. 新民艺设计. 北京：北京大学出版社，2013.

专业网站

[1]中国室内设计联盟 www.cool-de.com
[2]中国室内设计人才网 www.idmen.cn
[3]中华室内设计网 www.a963.com
[4]中国室内设计师网 www.china-id.com/Copyright.asp

后 记

"室内装饰图案"课程是高等院校艺术设计类专业的基础课程，随着室内设计"轻装修，重装饰"理念的深入，装饰图案在室内设计中的表现变得尤为重要。而图案本身的艺术特性是源于生活，又高于生活，因此，现代装饰图案如何与室内设计专业相结合，并在实践中起到指导作用是教材编写与课程教学的重要目标。

本书在编写过程中紧扣课程目标，以强化室内设计职业能力培养为主线，突出以专业方向为重点，在培养学生对图案的认知和审美能力的基础上，以图案与室内设计专业的结合为切入点，结合编者多年室内设计与装饰图案课程的教学实践经验，在以往基础图案教材传统知识点分析的结构体系上做出了创新，增强了教材的专业指向性，提高了教材在室内设计专业教学中的实用价值，为学生下一步实际项目设计能力的提高打下基础。

为了利于室内设计专业学生在装饰图案基础课中的学习，本教材将传统的图案设计理论与实际项目融入到设计教学中，将图案的创新运用与室内设计风格表现形式相结合，通过后续专业课程中室内设计专业的项目案例分析，引导学生理解课程意图，明确装饰图案的学习和专业发展的紧密联系。

在编写过程中，我们引用了大量国内外名家及同行的优秀图案作品。由于种种原因，没有逐一标明出处，但因本书作为教学用书，没有蓄意抄袭之意，在此向图片的原作者表示真诚的歉意和感谢！

希望本教材对室内设计专业的学生和图案艺术爱好者们在图案创新学习与实际应用过程中有所帮助，能够为高职高专图案教学改革以及人才培养模式改革提供一些借鉴，引起一些思考。由于时间、技术和能力等条件的限制，书中难免有疏漏和不妥之处，希望得到专家、同行与读者们的批评、指正，我们将虚心接受并不断改进。

编者
2013年9月